W0011566

Detlef Fluch

Technische Grundlagen für Mediengestalter

Handbuch der Audio- und Videotechnik

Dritte erweiterte Auflage

AXEPT Verlag

Bibliographische Informationen Der Deutschen Bibliothek
Die Deutsche Bibliothek verzeichnet diese Publikation in der Deutschen
Nationalbibliografie; detaillierte bibliographische Daten sind im Internet
über http://dnb.ddb.de abrufbar.

ISBN: 978-3-9811804-0-4

Lavie gGmbH 2005
zweite Auflage 2006
dritte Auflage 2008

Geschäftsführer: Rainer Gosslar
Fallersleber Straße 12, D-38154 Königslutter
Fon: (0 53 53) 95 18-0, Fax (0 53 53) 95 18-8
Email: lavie@t-online.de
www.lavie-reha.de

Herstellung
Books on Demand GmbH
Gutenbergring 35, D–22848 Norderstedt

Vorwort

Dieses Handbuch ist bei der praktischen Arbeit in meiner Videoproduktionsfirma entstanden. Es waren ganz praktische Fragen, die bei dieser Arbeit aufkamen: Welche Geräte brauche ich für eine Auftragsproduktion? Was sind die technischen Qualitätskriterien? Welche technischen Grenzen haben die Geräte? Wie verkabele ich einen Schnittplatz? Warum brummt der Ton? Kurz: Wie funktioniert das eigentlich? (Vor allem, wenn es gerade nicht funktioniert.) Sehr hilfreich waren dabei die Fragen meiner Auszubildenden, denn etwas zu wissen und es auch erklären zu können, sind zweierlei Dinge.

Das Buch richtet sich an Auszubildende und Fortgeschrittene in Fernseh- und Videoberufen. Es ist auch als Nachschlagewerk konzipiert: Das Stichwortregister ist mit über 700 Einträgen vergleichsweise umfangreich. Die dort angegebenen Seitenzahlen beziehen sich dabei nur auf Textpassagen, in denen der jeweilige Begriff auch erklärt und in einen Kontext gestellt wird.

Detlef Fluch

www.df-dok.de

Inhaltsverzeichnis

Elektrizität

In der Audio- und Videotechnik geht nichts ohne Strom: Signalherstellung und -transport, sowie die Speicherung auf Bändern und Festplatten basieren auf elektrischen Prozessen. Daher kommt an dieser Stelle zunächst eine kurze Einführung in die Grundlagen der Elektrizität.

Atomkerne haben eine positive Ladung, die sie umgebenden Elektronen haben eine negative Ladung. Sind in einem Stoff freie Elektronen vorhanden, dann wird dieser als elektrischer Leiter bezeichnet, enthält er keine, handelt es sich um einen Nichtleiter oder Isolator.
Eine Veränderung der Elektronenmenge in einem Körper bewirkt eine elektrische Ladung. Eine Bewegung von Elektronen in eine Richtung ist ein elektrischer Strom. Ein elektrischer Strom kann nur in einem geschlossenen (Strom-) Kreis fließen, denn Elektronen werden durch eine Stromquelle nur bewegt, nicht erzeugt. Eine "Elektronenpumpe" befördert die Elektronen vom Pluspol zum Minuspol (technische Stromrichtung).

Kenngrößen:
– **I** = Stromstärke = Elektronenmenge, die in einer Zeiteinheit durch einen Leiter bewegt wird. Die Einheit ist **Ampere = A**.
– **U** = Spannung = Ladungsunterschied (Elektronenüberschuss, bzw. -mangel). Die Einheit ist **Volt = V**.
– **P** = Leistung = Arbeit, die in einer bestimmten Zeit vollbracht werden kann. Die Einheit ist **Watt = W**.

Die drei Größen stehen in einem Zusammenhang:

$$P(W) = U(V) \times I(A)$$
$$U(V) = P(W) : I(A)$$
$$I(A) = P(W) : U(V)$$

Arten von Spannungsquellen
– Primärelement: nichtelektrische Energie wird in elektrische Energie umgesetzt: mechanisch (Generator), Licht (Solarzelle), Wärme (Thermoelement), chemisch (Batterie).
– Sekundärelement: elektrische Energie wird chemisch gespeichert (Akku).

Funktionsweise einer Spannungsquelle im Stromkreis
Spannungsquellen stellen eine Ladungstrennung her, sie zwingen die Elektronen in eine Fließrichtung. Die Spannungsquellen haben dabei einen "inneren Widerstand", der sich bei zunehmendem Stromfluss verstärkt, weil

die Stromquelle nicht mehr in der Lage ist, die "angeforderten" Elektronen schnell genug nachzuliefern. Die Ladungstrennung erfolgt nicht mehr schnell genug, die Spannung sinkt. Es muss daher unterschieden werden zwischen der Urspannung U_0 (gemessen ohne Verbraucher) und der Klemmenspannung U_K (unter Belastung).

Serienschaltung von Spannungsquellen:
Spannung U steigt: $U_{ges} = U_1 + U_2 + ... U_n$
Innenwiderstand steigt: $R_{ges} = R_1 + R_2 + ... R_n$

Parallelschaltung von Spannungsquellen:
Spannung U bleibt gleich (bei gleichen Quellen)
Innenwiderstand sinkt:

$$R_{i\,ges} = (R_{i\,1} \times R_{i\,2} \times R_{i\,3}) : (R_{i\,2} \times R_{i\,3} + R_{i\,1} \times R_{i\,2} + R_{i\,1} \times R_{i\,3})$$

In Bezug auf den Innenwiderstand definiert sich die Stromstärke so:

$$I = U_0 : (R + R_1)$$

Die Klemmenspannung ist damit:

$$U_K = U_0 \times R : (R + R_1)$$

Ist $R_i : R$ möglichst klein, dann ist die Spannung groß
     $R_i : R = 1$ also gleich, dann ist die Leistung groß
     $R_i : R$ möglichst groß, dann ist die Stromstärke groß

Man kann so von Spannungsanpassung, Leistungsanpassung und Stromanpassung sprechen. Eine Anpassung bei der Zusammenschaltung verschiedener Geräte bedeutet in der Praxis, dass der Eingangswiderstand des einen Gerätes (z.B. Recorder) um ein vielfaches höher sein muss, als der Ausgangswiderstand des Zuspielers. Es wird dabei ein Verhältnis von mindesten 25:1 angestrebt. Genau genommen ist das eine "Überanpassung". Die Überanpassung bedeutet, dass der Zuspieler gegenüber dem Recorder eine hohe Leistung anbietet. Bei Mikrofonen, die ja eine Spannungsquelle sind, kann der Ausgangswiderstand auch mit "Impedanz" oder "Quellwiderstand" bezeichnet werden.

Eigenschaften von Wechselstrom

Wechselstrom ist eine Stromschwingung, bei der die Spannung zunächst von Null auf die volle positive Spannung anwächst, dann wieder zu Null wird, danach eine negative Spannung aufbaut, die schließlich auch wieder zu Null wird. Die Kurzbezeichnung für Wechselstrom lautet AC (aus dem englischen "Alternating Current"). In Europa hat das Stromnetz 50 solcher Schwingungen pro Sekunde, also 50 Hz (Hertz). Die Effektivspannung beträgt dabei 230 Volt, dies ist ein leistungsbezogener Mittelwert, das heißt, dieser Wechselstrom mit einer Spitzenspannung von 325 Volt (am Scheitelpunkt der Schwingung), kann genauso viel leisten wie eine Gleichspannung von 230 Volt. Die genaue Bezeichnung für eine Effektivspannung von 230 Volt lautet 230 $V_{eff}AC$. In den USA hat das Stromnetz 120 Volt (effektiv) und 60 Hz.

Wechselspannung wird nicht immer als Effektivspannung angegeben, z.B. ist es für Signalströme sinnvoller, von Spitzenspannung oder "Spitze-Spitze" zu sprechen, also den Abstand vom Nullpunkt (V_S = Volt-Spitze, bzw. V_P = Volt-Peak) oder vom niedrigsten Spannungswert zu messen (V_{SS} = Volt-Spitze-Spitze, bzw. V_{PP} = Volt-Peak-to-Peak). Am Beispiel von 230 V Wechselstrom würden sich somit 325 V_P, bzw. 650 V_{PP} ergeben (-siehe auch: untenstehende Grafik für Kraftstrom). Ein Videosignal arbeitet mit einem Spannungsbereich von 1 V_{PP}.

Für Wechselstrom ergibt sich das Problem, dass die bereitgestellte Leistung nicht immer optimal umgesetzt werden kann. Daher werden auf Netzteilen und elektrischen Verbrauchern unterschiedliche Angaben für die bereitgestellte, bzw. verbrauchte Leistung gemacht: Auf Verbrauchern wird die Leistung im allgemeinen in Watt angegeben, das ist die sogenannte Wirkleistung. Zusätzlich wird jedoch Leistung verbraucht, z.B. um elektromagnetische Felder aufzubauen, also zur Überwindung von induktivem Widerstand. Auch zur Überwindung von kapazitivem Widerstand (in Kondensatoren oder langen Leitungsstrecken) wird Leistung benötigt. Beim Abbau der elektromagnetischen Felder fließt die Leistung wieder zurück in das Stromnetz. Da dies phasenverschoben geschieht, ist die Rückleitung in das Stromnetz nicht nutzbar, sie ist sozusagen Ballast für die Leitungswege. Diese Leistung wird als Blindleistung bezeichnet. Wenn man Blindleistung und Wirkleistung addiert, ergibt sich die Scheinleistung, also die Leistung, die Stromversorger oder Netzteile zur Verfügung stellen. Sie wird in VA (Volt x Ampere) angegeben.

Kraftstrom / Drehstrom / Dreiphasenstrom
Hierbei handelt es sich um eine Stromübertragung mit 3 Leitungen á 230 Volt Effektivspannung und einem Nullleiter (Rückleitung), sowie einer Erdung. Die fünfpoligen Stecker und Kupplungen für den Kraftstrom tragen als Normbezeichnung das Kürzel CEE. Die Stecker sind je nach zulässiger Amperebelastung in unterschiedlichen Größen ausgeführt.
Der Strom in den 3 Leitungen ist phasenversetzt (schwingungsversetzt), d.h., die Sinuswelle jeder Leitung ist gegenüber den anderen um ⅓ (= 6,6 ms) versetzt. Somit beträgt die Effektivspannung zwischen einer Leitung (Phase)

und dem Nullleiter 230 Volt, zwischen 2 Leitungen (Phasen) jedoch 400 Volt (dabei ist kein Nullleiter nötig).

Spannung

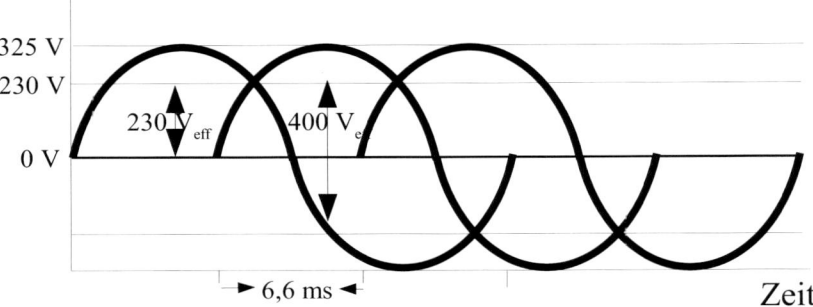

Die drei Phasen des Kraftstroms

Gleichspannung

Die elektromagnetische Stromerzeugung in Kraftwerken, Dynamos oder Auto-Lichtmaschinen erzeugt stets eine Wechselspannung. Gleichspannung mit konstanter Spannung und Polung muss durch Gleichrichter aus der Wechselspannung gewonnen, oder aus chemischen (Batterien und Akkus), photoelektrischen Quellen oder Brennstoffzellen entnommen werden. Gleichspannung wird mit dem Kürzel DC (= Direct Current) bezeichnet.

Statische Aufladung

Wenn zwei Nichtleiter aneinander reiben, werden Elektronen von dem einen Nichtleiter auf den anderen übertragen, es findet eine Ladungstrennung statt, einer der Nichtleiter wird statisch aufgeladen. Das Phänomen ist bekannt: Wenn man mit Schuhen, die eine Kunststoffsohle haben, über einen Teppich geht, lädt man sich auf und entlädt sich schlagartig bei Berührung eines metallischen Gegenstandes. Besonders gut funktioniert die statische Aufladung bei sehr trockener Raumluft, weil diese ein besonders schlechter Leiter ist, feuchte Luft leitet die Ladung etwas besser ab. Die Ladung kann dabei eine hohe Voltzahl erreichen, einige hundert bis hunderttausend Volt, allerdings ist der dabei fließende Strom sehr gering (Nanoampere) und daher für den menschlichen Körper ungefährlich.

Gefährlich ist die statische Aufladung aber für elektronische Schaltungen, sie können dadurch zerstört werden. Insbesondere Computeranschlüsse und Platinen sind gefährdet, Firewire-Anschlüsse stellen gelegentlich ihren Dienst ein. Daher sollten Geräte nur in ausgeschaltetem Zustand miteinander verbunden werden und zunächst Massekontakt erhalten. Man sollte beim Anfassen von Platinen darauf achten, dass man selbst geerdet und somit entladen ist (z.B. mittels einer Erdungsmanschette).

Widerstand

Elektrische Leiter und Verbraucher setzen dem Stromfluss einen Widerstand entgegen, d.h., es wird eine Arbeit verrichtet, bzw. Leistung geht (aus der Sicht der Quelle) "verloren". Die Bezeichnung für Widerstand ist **R**, die Einheit ist **Ohm (Ω)**. Der Widerstand errechnet sich aus dem Verhältnis von Spannung und Stromstärke:

$$R(\Omega) = U(V) : I(A)$$

Daraus folgt auch: Die Stromstärke steigt mit zunehmender Spannung und sinkt mit zunehmendem Widerstand:

$$I(A) \;=\; U(V) : R(\Omega)$$

Verzweigte und unverzweigte Stromkreise

Widerstände/Verbraucher sind in Reihe (unverzweigt) oder parallel (verzweigt) geschaltet.
Sind sie in Reihe geschaltet, addieren sich die Widerstände:

$$R_{ges} = R_1 + R_2 + ... R_n$$

Sind die Widerstände parallel geschaltet, teilt sich der Widerstand:

$$1 : R_{ges} = 1 : R_1 + 1 : R_2 + ... R_n$$

Bei der parallelen Schaltung addiert sich dabei die Stromstärke:

$$I_{ges} = I_1 + I_2 + ... I_n$$

Wellenwiderstand

Spannung und Stromstärke erleiden in Leitungen Verluste durch:
– Materialwiderstand,
– Induktion = Aufbau eines Magnetfeldes, das wiederum auf den Stromfluss Einfluss nimmt,
– Kapazität = Entstehung eines elektrischen Feldes zwischen Hin- und Rückleiter,
– Ableitung = Leckstrom durch nicht ideale Isolierung.

Der Wellenwiderstand hat die Bezeichnung Z_W und wird berechnet mit der Formel $Z_W = \sqrt{(L:C)}$, wobei L die Induktivität je Längeneinheit ist, und C die Kapazität.
Die Verluste durch Wellenwiderstand sind exponentiell, d.h., sinkt die Spannung nach x Leitungsmetern auf die Hälfte ab, so beträgt sie nach 2x nur noch $\frac{1}{4}$.
Die Abnahme von Strom und Spannung wird auch als Dämpfung = α (in dB) in Abhängigkeit von der Frequenz f angegeben.
Für Videokabel beträgt der typische Wellenwiderstand 75Ω (Kabelbezeichnung: RG 59), bei Computeranwendungen sind es 50Ω (Kabelbezeichnung: RG 58).

Videokabellängen ab 50m sind problematisch und müssen durch Entzerrer (Verstärker) ausgeglichen werden. Offene (Video-) Leitungsenden sind mit einem Widerstand abzuschließen, der gleichgroß dem Wellenwiderstand (75Ω) ist, da sonst Reflektionen auftreten, die das Signal unzulässig verstärken.

Elektrische Bauelemente

Widerstand

Elektrische Widerstände (Zeichen: ▭⊐) bilden einen Engpass für den Elektronenfluss. Die dabei entstehende Elektronenreibung erzeugt Wärme. Wegen dieser Wirkung wird ein (ohmscher) Widerstand auch Wirkwiderstand genannt. Widerstände bestehen häufig aus einem Widerstandsdraht oder einer Kohleschicht, die auf einem Keramikträger aufgebracht ist, ein Lacküberzug schützt die Kohleschicht gegen äußere Einflüsse. Widerstände gibt es in unterschiedlichen Funktionsweisen:

- NTC-Widerstände (NTC = Negative Temperature Coeffizient, Zeichen: ⊿), häufig Heißleiter genannt, vermindern bei steigender Temperatur ihren Widerstandswert.
- PTC-Widerstände (PTC = Positive Temperature Coeffizient, Zeichen: ⊿), erhöhen bei steigender Temperatur ihren Widerstandswert. Beide Arten werden zur Stromstabilisierung eingesetzt.
- VDR-Widerstände (VDR = Voltage Dependent Resistor) sind spannungsabhängige Widerstände. Ihr Widerstandswert nimmt stark ab, wenn die angelegte Spannung größer wird. Sie werden vorwiegend zur Spannungsstabilisierung und zur Funkenlöschung verwendet.
- LDR-Widerstände (LDR = Light Dependent Resistor) sind lichtabhängige Widerstände. Der Widerstandwert nimmt zu, wenn die Helligkeit abnimmt. Sie werden vorwiegend in Lichtschranken oder Zählschaltungen als Sensor verwendet.
- Spannungsteiler sind Widerstände in einer Reihenschaltung. Der Stromfluss ist zwar an jeder Stelle dieser Schaltung gleichgroß, aber die Spannungswerte teilen sich in der Reihenschaltung über den einzelnen Widerständen entsprechend ihrer Werte auf. So kann bei unterschiedlichen Widerständen an jedem Widerstand eine andere Spannung abgegriffen werden.
- Potentiometer sind einstellbare Widerstände. Hier gleitet ein Schleifkontakt über die Kohleschicht oder den Widerstandsdraht und verkürzt oder verlängert so den Weg, den der Strom in diesem Widerstand zurücklegen muss. Potentiometer werden zum Beispiel in Aussteuerungs- und Lautstärkereglern verwendet.

Kondensator

Kondensatoren (Zeichen: ⊣⊢) bestehen aus zwei parallelen Metallplatten oder -folien in geringem Abstand, dazwischen ist Luft oder ein nichtleitendes Material, z.B. Glas, Keramik oder Kunststoff. Normalerweise könnte zwischen den Platten kein Stromfluss, bzw. Elektronenbewegung stattfinden, da der Spalt zwischen den Platten den Stromkreislauf unterbricht. Aber wenn nun an den Platten eine Spannung angelegt wird, dann sammeln sich auf der am Minuspol angebrachten Platte die negativ geladenen Elektronen, während an der positiv geladenen Platte ein Elektronenmangel herrscht. Aufgrund des Ladungsunterschieds zwischen den beiden Platten entsteht zwischen ihnen ein elektrisches Feld. Dieses Feld bleibt erhalten, auch wenn die Stromquelle vom Kondensator getrennt wird. Erst wenn die beiden Platten kurzgeschlossen werden, oder ein Verbraucher dazwischen geschaltet wird, baut sich die Ladung, bzw. das elektrische Feld ab. Kondensatoren können also mit einem Ladestrom aufgeladen werden, die Ladung speichern und bei Bedarf einen Entladestrom abgeben. Das Fassungsvermögen an Ladung, die Kapazität, hängt von der Größe und dem Abstand der Platten ab. Je geringer der Abstand ist, desto größer ist die Kapazität. Die Einheit für die Kapazität (C) ist Farad (F) und errechnet sich aus dem Verhältnis der Ladungsmenge (Q) zur Spannung (U):

$$C = Q : U$$

Wenn Gleichstrom an einen Kondensator angelegt wird, speichert dieser zwar die Ladung, lässt den Strom aber nicht hindurch. Anders wirkt sich Wechselstrom aus: Eigentlich wird auch dieser nicht vom Kondensator durchgelassen, aber Wechselstrom lädt und entlädt die Platten mit seiner Frequenz, das heißt, die Frequenz und die Stromflussrichtung werden sozusagen als Information durch den Kondensator weitergegeben. Hierbei gilt, je größer der Kondensator ist, desto besser wird die Wechselspannung übertragen. Weiterhin gilt, niedrige Wechselstromfrequenzen werden schlechter übertragen als hohe.
Kondensatoren werden also dazu benutzt, Gleichstrom auszufiltern, Wechselströme verschiedener Frequenzen von einander zu trennen, als Elektrizitätsspeicher (z.B. um Schaltspannungen zu dämpfen) und zur Entstörung.

Spule
Spulen (Zeichen: ⏦) sind Wicklungen von Leitern, entweder als 'Luftspulen' ohne Kern, oder mit einem Eisenkern, der die Wirkung einer Spule verstärkt. Wenn Strom eine Spule durchfließt, entsteht ein elektromagnetisches Feld (ein solches Feld entsteht auch bei einem einfachen Draht, aber die Wirkung ist dann wesentlich schwächer). Das elektromagnetische Feld wird stärker bei höherem Stromdurchfluss und bei mehr Windungen (Wicklungen) der Spule.
Der Prozess lässt sich auch umkehren: Wenn ein magnetischer Einfluss auf die Spule ausgeübt wird (Induktion), entsteht ein Stromfluss, allerdings nur solange, wie sich das magnetische Feld gegenüber der Spule verändert.

Diese Veränderung kann auf drei Arten stattfinden: Ein Magnetfeld wird an der Spule vorbeigeführt (z.B. Generator im Kraftwerk, Lichtmaschine, Dynamo), oder eine zweite Spule mit Gleichstrom induziert beim Ein- und Ausschalten eine kurze Spannung (z.B. Zündanlage im Auto), oder eine zweite Spule mit Wechselstrom induziert ständig eine Wechselspannung (z.B. Transformator). Dabei wird die Spule, die das elektromagnetische Feld herstellt, Primärspule genannt, die Spule auf die das Feld einwirkt, Sekundärspule.

Spulen induzieren nicht nur elektromagnetische Felder, sondern es findet auch eine Selbstinduktion statt. Der Aufbau eines Feldes wirkt sich auch innerhalb der Spule auf die benachbarten Wicklungen aus. Da dieses Feld gegenläufig ist, wird dadurch der Aufbau des Primärmagnetfeldes verlangsamt, ebenso der Abbau des Feldes. Unerwünschte Ströme (Wirbelströme) können auch im Eisenkern einer Spule entstehen, sie sorgen für eine Erwärmung des Kerns und rufen Verluste in der Wirkung der Spule hervor. Bei Wechselstrom bilden Spulen also einen Widerstand, der frequenzabhängig ist.

Transformator (auch: Umspanner, Übertrager)

Transformatoren (Zeichen:) bestehen aus einer Primär- und einer Sekundärspule, die mit Wechselspannung betrieben werden, und dienen dazu, die elektrische Spannung zu transformieren. Der Transformationsgrad hängt dabei von dem Verhältnis der Wicklungen von Primär- und Sekundärspule ab, d.h., wenn zum Beispiel die Sekundärspule doppelt so viele Wicklungen wie die Primärspule hat, dann ist dort auch die Spannung doppelt so hoch.

Ein weiterer Zweck von Transformatoren ist es, getrennte erdungsfreie Stromkreise ("Galvanische Trennung") herzustellen, z.B. um bei Audiogeräten Brummstörungen und gefährliche Spannungen zu verhindern (Übertrager), Erdungsstörungen von Videosignalen zu unterdrücken (Mantelstromfilter), oder ein gefahrloses Reparieren von stromdurchflossenen Geräten mittels Netztrennung zu ermöglichen (Trenntransformatoren).

Röhre

In einem luftleeren Raum, einer Glasröhre mit einem Vakuum, befindet sich ein negativ geladener Glühfaden (Kathode), an dessen Oberfläche Elektronen austreten (emittieren). Diese werden von einer ebenfalls in der Röhre befindliche Anode angezogen. Zwischen Anode und Kathode befindet sich ein Gitter, das, wenn es nicht mit Elektronen geladen ist, den Elektronenstrom zwischen Anode und Kathode ungehindert passieren lässt. Wird das Gitter dagegen mit Elektronen aufgeladen, dann wird der

Elektronenstrom mehr oder minder stark behindert. Für die Ladung des Gitters genügt ein schwacher Strom. Mit diesem schwachen Strom kann also die Stärke eines starken Stromes zwischen Anode und Kathode gesteuert werden. Man spricht dann von einem Röhrenverstärker. In der Praxis bedeutet das, dass zum Beispiel der schwache Strom eines CD-Player-Line-Signals auf das Gitter übertragen wird und damit der starke Strom zwischen Anode und Kathode moduliert wird, der dann in den Audioboxen für die Töne sorgt.

Röhrenverstärker sind nicht zu verwechseln mit Bildröhren, die ein elektrisches Signal in ein optisches umwandeln, oder Aufnahmeröhren in Kameras, die ein optisches Signal in ein elektrisches umwandeln.

Inzwischen werden Röhrenverstärker nur noch selten verwendet, da sie vergleichsweise teuer in der Herstellung sind, relativ große Bauteile darstellen und mechanisch empfindlich sind. Sie sind weitgehend durch Transistoren verdrängt worden.

Halbleiter

Halbleiter sind schwach leitende Stoffe, deren Leitfähigkeit unter anderem von der Temperatur abhängt (beim absoluten Nullpunkt = 0 Kelvin, bzw. - 273 Grad Celsius sind sie nicht leitend). Für elektronische Bauteile werden zumeist Germanium und Silizium verwendet. Werden diese beiden Stoffe als Platten aneinander gefügt, dann können sie in eine Richtung Strom leiten, in der anderen Richtung wird der Stromfluss gesperrt, sie stellen sozusagen ein elektrisches Ventil dar. Halbleiter werden in Dioden und Transistoren verwendet.

Diode

Dioden (Zeichen: -▷⊢) werden hauptsächlich zur Gleichrichtung von Wechselspannungen verwendet oder um schwankende Spannungen zu stabilisieren. Spezielle Dioden werden als Leuchtdioden benutzt (z.B. in Peakmetern), die elektrische Energie in sichtbare elektromagnetische Strahlung wandelt. Weiterhin gibt es Photodioden, die unter Lichteinwirkung einen Sperrstrom aufbauen (z.B. in Belichtungsmessern).

Transistor

Transistoren sind ähnlich wie Röhren aktive Bauelemente und können als Verstärker oder elektronische Schalter verwendet werden, d.h., mit einer kleinen Steuerspannung kann ein starker Stromfluss gesperrt, teilweise durchgelassen oder ganz durchgelassen werden, also gesteuert werden.

Sie arbeiten mit niedrigen Spannungen, haben einen hohen Wirkungsgrad, sind sehr zuverlässig und kostengünstiger zu produzieren als Röhren. Es gibt zwei Arten von Transistoren: Flächentransistoren und Feldeffekttransistoren.

Flächentransistoren bestehen aus 3 Halbleiterschichten, die in der Reihenfolge PNP (positiv-negativ-positiv, Zeichen: ⫪) oder NPN (Zeichen: ⊕) montiert sein können. Die Schichten haben je einen Anschluss und werden als Emitter (E), Basis (B) und Kollektor (C) bezeichnet. Die an der Basis anliegende Spannung steuert den Stromfluss von Emitter zu Kollektor. Ein NPN-Transistor leitet, wenn Basis und Kollektor ein positives Potential gegenüber dem Emitter haben, ein PNP-Transistor leitet, wenn Basis und Kollektor negatives Potential gegenüber dem Emitter haben.

Feldeffekttransistoren steuern den Stromfluss in einem Halbleiter durch ein induziertes elektrisches Feld. Bei Feldeffekttransistoren sind die Anschlüsse anders benannt: Source (S), Gate (G) und Drain (D).

Bei diesen Transistoren unterscheidet man den Sperrschicht-Typ (FET) und den Isolierschicht-Typ (MOS-FET). Die Steuerung der beiden Typen erfolgt völlig leistungslos nur über die angelegte Spannung am Gate. Sie sind unempfindlich gegen thermische Instabilitäten, haben einen größeren Aussteuerungsbereich und bessere Eigenschaften, z.B. in HF-Schaltungen. Die MOS-FET-Typen haben dabei noch bessere Eigenschaften, sind dabei aber empfindlich gegen statische Aufladungen, was durch eine elektronische Schaltung kompensiert werden muss.

IC (Integrierte Schaltung)

IC's sind stark miniaturisierte Schaltungen aus Widerständen, Transistoren, Dioden und kleineren Kondensatoren, die zu einem Bauteil zusammengefasst sind. Linear- (oder Analog-) Schaltungen werden im allgemeinen für Verstärkungszwecke eingesetzt, Digital-Schaltungen im Datenverarbeitungsbereich (z.B. als Speicher).

Stromversorgung

Batterien können im Verhältnis zu ihrer Größe sehr viel Energie speichern und diese Ladung über lange Zeit halten. Sie sind ideal, wenn man über lange Zeit geringe Strommengen benötigt.

Batterien sind so genannte galvanische Elemente, sie bestehen aus zwei Platten unterschiedlicher Materialien, die sich in einem Elektrolyt, einer elektrisch leitenden Flüssigkeit, befinden. Im Elektrolyt sind Wasserstoff-Ionen enthalten. Eine der beiden Platten, die Kathode (= Plus-Pol) besteht aus einem so genannten 'edlen' Element (zum Beispiel Kupfer, Kohle, Silber) und baut eine positive Spannung zum Elektrolyt auf. Die andere Platte, die Anode (= Minus-Pol) aus einem so genannten 'unedlen' Element (zum Beispiel Blei, Zink, Lithium), baut eine negative Spannung zum Elektrolyt auf.

Wenn der Batterie Strom entnommen wird, beginnen die Elektronen zu fließen. Dabei verbraucht sich die Anode, sie löst sich auf und damit verringert sich die chemisch wirksame Oberfläche. Es baut sich dadurch ein immer größer werdender Innenwiderstand in der Batterie auf, infolge dessen sinkt die Spannung.

Die Nennspannung eines galvanischen Elements, also einer Batterie-Zelle (Zink-Kohle, Alkali-Mangan) beträgt 1,5 Volt. Durch eine Reihenschaltung mehrerer Zellen können auch höhere Voltzahlen erreicht werden, zum Beispiel enthält eine 9 V-Blockbatterie sechs Zellen. Die Nennspannung ist ein Durchschnittswert, die tatsächlich vorhandene Spannung einer Batterie hängt davon ab, ob und wieviel Strom gerade entnommen wird (sowie vom Alter und der Umgebungstemperatur). Daher gibt es noch die 'Ruhespannung', sie wird ohne angeschlossenen Verbraucher gemessen und ist (sofern die Batterie nicht völlig verbraucht ist) höher als die Nennspannung, etwa 1,6 – 1,7 V. Wenn ein Verbraucher angeschlossen ist, kann die Entladespannung ermittelt werden. Sie sinkt bei Stromfluss kontinuierlich ab, wird der Verbraucher jedoch von der Batterie genommen, steigt die Spannung wieder, je nach Restkapazität bis zur anfänglichen Ruhespannung.

Die (Lade-)Kapazität bezeichnet die Fähigkeit, eine bestimmte Stromstärke eine bestimmte Zeit zur Verfügung stellen zu können. Sie wird in Stromstärke (A) x Zeit (h) angegeben. Eine Batterie mit 1,5 Ah könnte also eine Stunde lang 1,5 Ampere oder eine halbe Stunde lang 3 Ampere abgeben. Am Beispiel einer 1,5 Volt Batterie mit einer Kapazität von 1,5 Ah heißt das, dass diese 1 Stunde lang einen Verbraucher mit einer Leistung von 2,25 Watt speisen könnte, oder eine halbe Stunde einen Verbraucher mit 4,5 Watt.

Auch in einer nicht genutzten Batterie finden chemische Reaktionen statt, die die Batterie langsam entladen. Man spricht dabei von Selbstentladung. Bei Kälte verlangsamen sich die chemischen Reaktionen, daher scheinen die Batterien bei Benutzung schneller leer zu werden, sie 'erholen' sich aber in einer wärmeren Umgebung. Wärme erhöht andererseits die Selbstentladung. Batterien, die sehr lange an einen Verbraucher angeschlossen und somit irgendwann tiefentleert sind, können auslaufen und dabei auch Geräteteile zerstören.

Zink-Kohle-Batterien haben eine Nennspannung von 1,5 V. Sie sind besonders preiswert und weisen eine geringe Selbstentladung auf. Sie sind etwa 3-4 Jahre lagerfähig.
Alkali-Mangan-Batterien (auch Alkaline genannt), mit 1,5 Volt Nennspannung, haben bei gleicher Baugröße im Vergleich zu Zink-Kohle Batterien die vierfache Kapazität. Sie weisen aber eine etwas höhere Selbstentladung auf und sind deutlich teurer.
Nickel-Oxyhydroxid-Batterien (Oxy-Ride) mit 1,5 Volt Nennspannung weisen eine gleichmäßigere Leistungsabgabe (gegenüber Alkali-Batterien) auf, zudem haben sie eine längere Lebensdauer.
Lithium-Batterien (3 V, neuere Typen haben auch 1,5 V) haben in Bezug auf ihre Größe eine sehr große Kapazität, sowie eine sehr geringe Selbstentladung. Sie können bis zu 10 Jahren gelagert werden und sind in einem weiten Temperaturbereich von -55° bis +150° einsetzbar.
Silberoxyd-Batterien (1,55 V) sind meistens als Knopfzelle ausgeführt und gut geeignet für eine lange Stromabgabe bei kleinem Strombedarf.
Zink-Luft-Batterien (1,4 V) haben eine höhere Kapazität als andere Batterietypen. In ihnen reagiert der Luft-Sauerstoff mit der Zink-Elektrode. Daher werden Zink-Luft-Batterien bei der Herstellung luftdicht verpackt. Nach dem Auspacken dauert es ein paar Minuten bis der chemische Prozess in Gang kommt und Strom entnommen werden kann. Bei Benutzung muss eine Luftzufuhr gewährleistet sein.

Akkus
Im Gegensatz zu Batterien ist in Akkus der chemische Prozess umkehrbar, sie sind wieder aufladbar. Im Prinzip sind Akkus wie Batterien aufgebaut, bestehen jedoch aus anderen Materialien. Akkus haben je nach Typ Nennspannungen von 1,2 bis 3,6 V pro Zelle, andere Spannungswerte werden durch eine Reihenschaltung von Zellen hergestellt.
Die Entladeschlußspannung gibt an, welche Restspannung beim Entladen eines Akkus nicht unterschritten werden sollte, damit keine dauerhaften Schäden im chemischen Aufbau entstehen. Beispielsweise beträgt bei Nickel-Cadmium-Akkus mit einer Nennspannung von 12 V die

Entladeschlußspannung 10,8 V. Die Kapazität eines Akkus wird immer in Bezug auf die Entladeschlußspannung angegeben. Eine Entladung, die die Entladeschlußspannung deutlich unterschreitet wird als Tiefentladung bezeichnet. Die Ladeschlußspannung gibt den maximal vertretbaren Spannungswert beim Aufladen des Akkus an. Mit dem Begriff Energiedichte wird die Kapazität des Akkus in Bezug auf Baugröße und Gewicht bezeichnet. Zur Zeit haben Lithium-Ionen-Akkus die höchste Energiedichte, sind also die vergleichsweise kleinsten und leichtesten Akkus bezogen auf ihre Kapazität.

Die 'C-Rate' gibt an, mit wieviel Ampere ein Akku am günstigsten ge- oder entladen werden sollte. Die C-Rate bezieht sich dabei auf die Gesamtkapazität des jeweiligen Akkus und gibt den Verhältniswert zur Gesamtkapazität an. Zum Beispiel: Ein Akku hat eine Kapazität von 2,3 Ah (das ist der C-Wert) und die Rate C/10 bedeutet nun, das der Akku mit 1/10 seines Nennwertes, also 0,23 A, zehn Stunden lang geladen werden sollte. Effektiv sind es dann mehr als zehn Stunden, weil nicht die ganze Ladung im Akku gespeichert wird, sondern ein Teil der Energie als Wärme verloren geht. In der Praxis bedeutet eine C/10-Aufladung eine Ladezeit von 12-16 Stunden. Analog dazu sind die Angaben zur Entladefähigkeit eines Akkus zu verstehen: Eine C-Rate von 0,2C als zulässige Dauerstrom-Entnahme bedeutet, dass zum Beispiel ein 4 Ah-Akku mit einem maximalen Dauerstrom von 0,8 A entladen werden kann.

Blei-Akkus (Pb) haben eine Nennspannung von 2 Volt und bestehen aus Blei (Anode), Bleidioxyd (Kathode) und Schwefelsäure (Elektrolyt). Beim Entladen reagieren Blei und Bleidioxyd zu Bleisulfat, die Schwefelsäure verbraucht sich dabei. Gleichzeitig wird Wasser produziert, das Elektrolyt verdünnt sich zunehmend. Beim Laden verläuft dies Reaktion umgekehrt. Wenn die Zelle überladen wird, bildet sich an der Anode Sauerstoff, der bei nicht-wartungsfreien Akkus entweicht. Daher muss gelegentlich destilliertes Wasser nachgefüllt werden. (In undestilliertem Wasser sind Reststoffe enthalten, die auf Dauer die chemischen Reaktionen in der Zelle beeinträchtigen würden.) In wartungsfreien Batterien wird der entstehende Sauerstoff zunächst von der Kathode absorbiert. Entsteht jedoch zuviel Sauerstoff, dann entwickelt sich ein Überdruck in der Zelle, der durch ein Überdruckventil entweichen können muss. Eine besondere Art von wartungsfreien Blei-Akkus sind Blei-Gel-Akkus. Hier ist das Elektrolyt in einem Gel gebunden, ein Auslaufen des Akkus ist damit nicht mehr möglich. Der Blei-Gel-Akku kann daher auch lageunabhängig eingesetzt werden.

Die Entladespannung von Blei-Akkus nimmt zunächst kontinuierlich, dann aber immer mehr beschleunigend ab. Eine Entladung mit starken Strömen verstärkt diesen Effekt. Der maximale Dauer-Entladestrom von Blei-Akkus beträgt 0,2 C, kurzfristig ist 1 C möglich.

Blei-Akkus nehmen Schaden durch Tiefentladung, das Bleisulfat kristallisiert dabei aus und der Akku verliert an Kapazität. Blei-Akkus mit flüssigem Elektrolyt weisen eine hohe Selbstentladung von etwa 1% pro Tag auf. Gel-Akkus haben eine deutlich geringere Selbstentladung, nach 18 Monaten weisen sie noch etwa 50% ihrer Kapazität auf. Bei kühler Lagerung ist die Selbstentladung geringer.

Nickel-Cadmium-Akkus (NiCd) haben eine Nennspannung von 1,2 Volt und bestehen aus Nickeloxyd-Hydroxyd (Anode), Cadmium (Kathode) und Kalilauge (Elektrolyt). Beim Entladen wird das Nickeloxyd-Hydroxyd zu Nickelhydroxyd, das Cadmium zu Cadmiumhydroxyd. Beim Laden findet der umgekehrte Prozess statt. Auch beim NiCd-Akku entsteht beim Überladen Sauerstoff, er kann bei geeigneter Konstruktion jedoch vollständig an die Kathode gebunden werden. Der Akku kann somit gasdicht gebaut werden. Für den Fall, dass der Akku über lange Zeit zu großen Ladeströmen ausgesetzt wird, gibt es jedoch ein Sicherheitsventil.

Der Vorteil an NiCd-Akkus ist, dass sie lange Zeit eine konstante Entladespannung abgeben, erst nahe der Entladeschlußspannung sinkt die Spannung rapide ab. Wenn NiCd-Zellen in Reihe geschaltet sind, zum Beispiel bei einem 12 V-Akku, sind Tiefentladungen zu vermeiden. Einzelne Zellen können sich dabei umpolen, der Akku ist dann irreparabel geschädigt.

Unangenehm ist der "Memory-Effekt": Akkus, die lange Zeit nur mit kleinen Strömen ge- oder entladen werden, oder immer nur Teilentladungen bis zu einem bestimmten Punkt erfahren, scheinen nur noch eine geringe Kapazität aufzuweisen. Dann haben sich aus der eigentlich feinkörnigen Kristallstruktur im Innern des Akkus Großkristalle gebildet. Die großen Kristalle haben insgesamt eine wesentlich geringere Oberfläche als viele kleine Kristalle und sind daher weniger reaktionsfreudig. Der Memory-Effekt ist aber reparabel, indem der Akku langsam auf 0,5 bis 0,8 Volt pro Zelle (entspricht bei einem 12 V-Akku 5 bis 8 V) entladen und anschließend wieder aufgeladen wird.

Für den Kamera- und Akkulicht-Betrieb sind die so genannten Hochstrom-Typen (Sinterzellen) geeignet. Sie können mit hohen Strömen entladen werden und sind schnell-ladefähig. Dafür ist ihre Selbstentladung (50% in einem Monat) höher als bei normalen NiCd-Akkus (50% in 10 Monaten). Der maximale Dauer-Entladestrom beträgt je nach Typ 10 C bis 30 C. Alle NiCd-Akkutypen dürfen nicht bei unter 0° Celsius geladen werden.

Nickelmetalhydrid-Akkus (NiMh) haben eine Nennspannung von 1,2 Volt pro Zelle. Sie ähneln in ihrem Aufbau NiCd-Akkus, mit dem Unterschied, dass die Kathode aus Metalhydrid besteht. Auch im Entlade-Verhalten gleichen sie NiCd-Akkus. Sie haben jedoch auf die Baugröße bezogen, die doppelte Kapazität und sind grundsätzlich schnell-ladefähig. Die Selbstentladung ist jedoch höher als bei NiCd-Akkus. Der maximale Dauer-Entladestrom von NiMh-Akkus beträgt 5 C bis 15 C. Auch NiMh-Akkus dürfen nicht bei Temperaturen unter 0° Celsius geladen werden.

Lithium-Ionen-Akkus (Li-Ion) haben eine Nennspannung von 3,6 Volt. Die Kathode besteht aus einer Lithium-Verbindung (Lithium-Cobalt-Oxid), die Anode aus einer Graphit-Verbindung und das Elektrolyt ist ein gelöstes Lithium-Salz. Li-Ion Akkus haben eine höhere Energiedichte als andere Akkutypen, allerdings ist die Kombination der verwendeten Bestandteile hoch reaktiv. Das ist nicht unproblematisch: Äußere und innere Kurzschlüsse können zu Bränden führen, daher müssen die Li-Ion-Akkus mehrfach abgesichert sein, mit einer Stromunterbrechung bei Überdruck, einem Sicherheitsventil, einem Thermoschalter, einer elektrischen Sicherung und einer elektronischen Kontrolle für den Ladevorgang.
Li-Ion-Akkus kennen keinen Memory-Effekt, ein Entladen vor dem Wiederaufladen ist daher unnötig, im Gegenteil verkürzen regelmäßige Tiefentladungen die Lebensdauer. Der maximale Dauer-Entladestrom von Li-Ion-Akkus beträgt je nach Zellentyp bis zu 4 C, besser für die Lebensdauer der Akkus ist es, mit maximal 3 C zu arbeiten. Für einen NP-L50-Akku mit 14,4 Volt / 55 Wh werden maximal 38 Watt Belastung empfohlen. Die Selbstentladung ist gering und liegt bei 5-10% im Monat, die Akkus sollten im geladenen Zustand gelagert werden. Hohe Temperaturen über 60° Celsius können zu irreparablen Schäden führen. Auch Li-Ion-Akkus dürfen nicht bei unter 0° Celsius geladen werden.

Lithium-Polymer Akkus (Li-Po) sind ähnlich aufgebaut wie Lithium-Ionen-Akkus, die Kathode besteht aus Graphit, die Anode aus Lithium-Metalloxid. Das Elektrolyt ist jedoch nicht flüssig, sondern besteht aus einer Folie aus Polymerbasis, die fest oder gelartig ist. Die Nennspannung liegt bei 3,7 Volt. Die Energiedichte ist höher als bei Lithium-Ionen-Akkus, allerdings sind sie elektrisch und thermisch sehr empfindlich gegen Überladung, Tiefentladung, zu hohe Ströme, Betrieb bei hohen Temperaturen (über 60°), bei niedrigen Temperaturen (unter 0°), sowie Lagern in entladenem Zustand. Die im Handel erhältlichen Akkupacks enthalten Schutzschaltungen gegen Überstrom und Unterspannung. Lithium-Polymer-Akkus werden vorwiegend in Handys und im Modellbau verwendet.

20

Aufladungs-Verfahren

Die Standard-Auflading findet mit einer C/10-Ladung statt, das heißt, die Akkus werden mit der Stromstärke von 1/10 ihrer Kapazität in 12-16 Stunden aufgeladen. Dieses Ladeverfahren ist für jeden Akku geeignet und wird deswegen meist auch in einfachen Ladegeräten verwendet.

Das beschleunigte Ladeverfahren findet mit einer C/4 bis C/2 Ladung statt, abgesehen von einigen NiCd-Typen ist das mit den meisten Akkus möglich.

Schnell-Ladung ist eine Ladung mit größeren Strömen als C/2, einige Akkus können mit 4C geladen werden. Akkus müssen für eine Schnell-Ladung geeignet sein, das heißt sie müssen als schnell-ladefähig gekennzeichnet sein.

Mit einer Erhaltungsladung kann die Kapazität eines voll geladenen Akkus bei längerer Ladung erhalten werden. Das ist entweder eine dauerhaft schwache Ladung mit C/20 oder eine Ladung mit kurzen Impulsen von 1C, gefolgt von längeren Pausen.

Mit einer Formierungsladung kann eventuell verloren gegangene Kapazität, insbesondere beim Auftreten des Memory-Effekts, wieder hergestellt werden. Dazu wird der Akku mehrfach nacheinander entladen und wieder geladen.

Eine 'Konstantstrom-Ladung' (I-Ladeverfahren) passt bei gleichbleibendem Strom die Spannung an die Ladespannung des Akkus an. Somit bestimmt die Ladungsdauer die Ladungsmenge für den Akku.

Bei der 'Konstantspannungs-Ladung' (U-Ladeverfahren) wird die Ausgangs-Spannung des Ladegeräts konstant gehalten, die Ladespannung der Akkuzellen steigt jedoch. Je mehr sich die Ausgangs-Spannung der Ladespannung angleicht, desto mehr nimmt der Ladestrom ab. Ist der Akku passend zum Ladegerät, indem die Ladeschlußspannung des Akkus exakt mit der Ausgangsspannung des Ladegeräts übereinstimmt, kann es nicht zur Überladung kommen.

Hochwertige Ladegeräte kombinieren das U- und das I-Ladeverfahren, indem sie zuerst den Akku mit dem I-Verfahren laden und dann auf das U-Verfahren umschalten. Einige Geräte arbeiten dabei nicht mit einer konstanten, sondern mit einer pulsierenden Ladung.

Blei-Akkus müssen am Ende des Ladevorgangs immer mit dem U-Ladeverfahren geladen werden, da sonst eine verstärkte Gasbildung eintritt.

Das Ladegerät sollte einen der Akku-Kapazität angepassten Ladestrom aufweisen, sowie einen Verpolungs-Schutz bieten, da Verpolungen Akku und/oder Ladegerät zerstören können. Komfortable Geräte haben eine

Spannungsüberwachung, die den Ladestrom gegebenenfalls abschaltet, oder einen Mikroprozessor, der den Ladevorgang in verschiedene Phasen einteilt: Zuerst wird ein Ladestrom mit hoher Leistung abgegeben, bei erreichen der Ladeschlußspannung wird auf einen mittleren Ladestrom umgeschaltet, der sogar den Akku ganz kurz überlädt, um die volle Akku-Kapazität zu erreichen und schließlich wird auf Erhaltungsladung umgeschaltet. Nützlich ist auch eine Entladefunktion, die teilentladene Akkus zunächst bis zur Entladeschlußspannung entladen und dann erst laden. So kann der Memory-Effekt vermieden werden.

Ladegeräte für eine beschleunigte Ladung (C/4 bis C/2) sind meistens mit einem Timer ausgestattet, der nach gegebener Zeit den Ladestrom abschaltet und auf Erhaltungsladung umschaltet.

Schnell-Ladegeräte laden mit 1C bis 5C, das heißt, professionelle Geräte für Kamera-Akkus benötigen etwa 45 Minuten für einen NP1B-Akku (12 V, 2,3 Ah). Da bei diesen sehr hohen Ladeströmen schon eine kurzfristige Überladung den Akku schädigen kann, muss der Vorgang durch einen Mikroprozessor gesteuert und überwacht werden. Die Überwachung kann durch einen Temperaturfühler erfolgen, denn am Ende eines Ladevorgangs steigt die Temperatur des Akkus relativ schnell. Eine andere Möglichkeit der Überwachung bietet die Delta-Peak-Methode: Während des Ladevorgangs steigt die Akkuspannung zunächst konstant an, am Ende der Aufladung jedoch proportional stärker. Dieser verstärkte Anstieg wird gemessen und bringt das Ladegerät zum Umschalten auf Erhaltungsladung. NiMh-Akkus können prinzipiell mit den gleichen Ladegeräten wie NiCd-Akkus geladen werden, der Ladestrom darf jedoch 1C nicht überschreiten.

Netzgeräte
Netzgeräte stellen aus der Haushalts-Wechselspannung eine Gleichspannung her, üblich sind dabei Ausgangsspannungen von 1,5, 3, 4,5, 6, 9 und 12 Volt. Bei der Wandlung wird zunächst der Wechselstrom auf die benötigte Voltzahl herunter transformiert und dann mit einer Diodenschaltung gleichgerichtet. Dabei bleiben zumeist Überlagerungen der Gleichspannung mit Wechselspannungen übrig, der Gleichstrom weist eine Rest-Welligkeit auf. Die Welligkeit wird dann mit Hilfe eines Kondensators vermindert und bei besser ausgestatteten Netzgeräten wird die Ausgangsspannung mit einem Stabilisator konstant gehalten. Wie weit die Welligkeit eliminiert werden kann, ist ein Qualitätskriterium für Netzgeräte.

Einfache Netzgeräte sind ungeregelt, das heißt, die angegebene Nennspannung kann je nach dem Stromverbrauch eines angeschlossenen

Geräts deutlich unterschritten werden. Im Leerlauf, also ohne angeschlossenen Verbrauch, ist die Ausgangsspannung deswegen meist höher als die Nennspannung. Bei steigendem Stromverbrauch steigt auch die Rest-Welligkeit an. Ungeregelte Netzgeräte sind für elektronische Kleingeräte aller Art im Haushalt häufig vorhanden. Oft sind sie mit verstellbarer Ausgangsspannung ausgestattet, ein Schieberegler greift dafür die entsprechende Sekundärspannung am Trafo ab.

Aufwendiger sind **stabilisierte Netzgeräte** (auch: geregelte Netzgeräte) . In ihnen ist ein Regel-Transistor eingebaut, der als veränderlicher Widerstand die Ausgangsspannung stabilisiert. Dadurch geht leider viel Leistung in Form von Wärme verloren, diese Netzgeräte sind daher oft an ihrem Kühlkörper erkennbar. Die Rest-Welligkeit eines stabilisierten Netzgeräts ist sehr gering, sie liegt bei einigen Millivolt. Aufgrund dieses 'sauberen' Stroms werden sie für Kameras und Laborzwecke genutzt.

Getaktete Netzgeräte haben einen deutlich höheren Wirkungsgrad, also weniger Leistungsverlust, als stabilisierte Netzgeräte. In 'primär-getakteten' Netzgeräten wird die 230 V-Wechselspannung zuerst gleichgerichtet und geglättet. Diese hohe Gleichspannung wird dann von einer Transistorschaltung mit hoher Frequenz (100 kHz) getaktet und zu einer rechteckförmigen Wechselspannung gewandelt. In einem Trafo wird nun die Amplitude verringert, anschließend durchläuft der Strom wieder einen Gleichrichter und wird geglättet.
Weiterhin gibt es 'sekundär-getaktete' Netzgeräte, in denen die Taktung erst hinter dem Netztrafo erfolgt. Sie erfordern dann aber einen höheren Aufwand für die Ausfilterung der Restanteile des Rechteckstroms.
Bei getakteten Netzgeräten ist die Rest-Welligkeit deutlich höher als bei stabilisierten Netzgeräten, sie liegt bei 50 mV oder auch deutlich darüber. Getaktete Netzgeräte können durch Betrieb ohne angeschlossenen Verbraucher zerstört werden. Verwendet werden getaktete Netzgeräte in Computern.

Inverter
Wenn Netzstrom benötigt wird, aber kein Anschluss vorhanden ist, kann ein Inverter nützlich sein. Er erzeugt aus Gleichspannung (zum Beispiel aus einer Autobatterie) Wechselspannung mit 230 Volt. Der Gleichstrom wird dazu mit 20 kHz getaktet, also ein- und ausgeschaltet und dann auf die Ausgangs-Wechselspannung hochtransformiert. Einfachere Schaltungen in einem Trapez-Wechselrichter erzeugen dabei trapezförmige, abgestufte Wechselspannung, die nicht ganz 'sauber' ist, aber für anspruchslose Geräte verwendet werden kann.

Sinus-Wechselrichter können eine sinusförmige Wechselspannung erzeugen, die auch höheren Ansprüchen genügt. Allerdings ist der schaltungstechnische Aufwand höher (- und damit auch der Preis).

Je nach angeschlossenem Verbraucher kann die benötigte Strommenge recht hoch sein. Ein professionelles Ladegerät für Kamera-Akkus hat einen Verbrauch von 100-150 W. Wenn es an einen Inverter angeschlossen ist, der von einer Autobatterie gespeist wird, empfiehlt es sich, den Automotor dabei laufen zu lassen.

Strommessung

Für die Arbeit an Kameras und Schnittplätzen sind im wesentlichen zwei Arten der Messung wichtig: Liegt an einem Bauteil Strom an und funktionieren die Signalleitungen? Somit müssen also Stromspannung und Widerstand gemessen werden. (Das Messen der Stromstärke ist eher geeignet, Schaltungen zu überprüfen und vergleichsweise aufwändig, da die Schaltungen aufgetrennt werden müssen, um das Messgerät in Reihe schalten zu können.) Für die Messungen genügt ein kostengünstiges Multimeter.

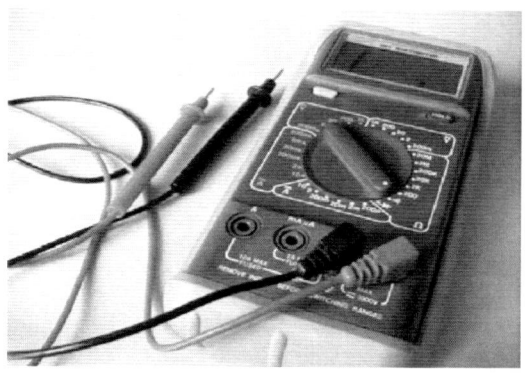

Digitales Multimeter

Die Spannung wird gemessen, indem die Messfühler parallel, also mit oder ohne angeschlossenen Verbraucher, einfach an die Kontakte angesetzt werden. (Der rote Messfühler an Plus, der schwarze an Minus, bei Verpolungen zeigt das Multimeter einen negativen Wert.) Zuvor muss aber der Messbereich des Multimeters eingestellt werden, DC für Gleichstrom oder AC für Wechselstrom, dabei muss der eingestellte Voltbereich deutlich über dem zu erwartenden Messwert liegen. Einfache Messgeräte messen nur die Effektivspannung. (Ein Videosignal mit einer Wechselspannung von 1 V_{PP} Spitzenspannung, kann damit also nicht sinnvoll gemessen werden. Die Messung eines Videosignals erfordert ein Oszilloskop oder einen Waveformmonitor.)

Für Messungen von Netzstrom ist ein Multimeter besser geeignet als ein Phasenprüfer, der nur anzeigt, ob in der Steckdose Strom anliegt. Mit dem Multimeter wird zudem der Voltwert angezeigt und man kann feststellen, ob der Nullleiter und die Erdung funktionieren.

25

Die Spannungsmessung von Akkus und Batterien ohne angeschlossenen Verbraucher ist nur bedingt aussagekräftig. Ein Akku oder eine Batterie ist weitgehend erschöpft, wenn die gemessene Voltzahl unter der Nennspannung liegt. Liegt sie knapp darüber, kann das eine geringe Restkapazität sein, die sich mit angeschlossenem Verbraucher schnell abbaut, daher ist eine Messung mit Verbraucher aussagekräftiger. Zeigt eine Akkumessung dagegen einen Wert, der etwa 15% über dem Nennwert liegt, kann davon ausgegangen werden, dass der Akku voll geladen ist. (Es besagt allerdings immer noch nichts über die tatsächlich verfügbare Kapazität, die bei altersschwachen Akkus weit geringer als der Nennwert sein kann.) Aussagekräftiger ist die Messung, wenn das Messgerät eine Batterie-Prüffunktion anbietet. Hierbei wird in den Stromkreis eine "Last" geschaltet, also ein Verbraucher simuliert und somit die Batterie unter definierten Belastung geprüft.

Mit einer Spannungsmessung kann auch festgestellt werden, ob ein Netzteil in Bezug auf einen Verbraucher eine genügend große Kapazität aufweist. Ungeregelte Netzteile haben ohne angeschlossene Verbraucher zumeist einen Spannungswert, der deutlich über dem Nennwert liegt. Bei einer Messung mit angeschlossenem Verbraucher kann nun festgestellt werden, ob die Spannung noch im Soll-Bereich liegt.

Mit der Widerstandsmessung kann einfach überprüft werden, ob ein Leiter funktioniert. Von Vorteil ist dabei eine Durchgangs-Prüffunktion, die ein akustisches Signal abgibt, wenn der Widerstand unterhalb eines bestimmten Wertes liegt (meist 200 Ω), das ist besonders für die Überprüfung von Multicore-Kabeln nützlich. Während der Messung darf kein Strom anliegen, das würde das Multimeter zerstören. Das Multimeter sendet zur Messung selbst einen Strom durch das Messobjekt. Geringe Widerstandswerte von etwa 1 Ω sind bei jeder Messung zu erwarten, aber je nach Kabeltyp und -länge kann es auch etwas mehr sein. (Besser ausgestattete Multimeter haben eine Kalibrierungs-Funktion, so dass Kontaktwiderstände an den Messfühlern ausgeglichen werden können.) Schwierig festzustellen sind Wackelkontakte, wenn die Bruchstelle nicht bekannt ist. Die Wahrscheinlichkeit ist jedoch hoch, dass die Bruchstelle sich am Übergang vom Stecker zum Kabel befindet.

Kleiner Lötkurs

Wenn ein Kabelbruch repariert werden muss, kommt der Lötkolben zum Einsatz. Dabei ist darauf zu achten, dass der Lötkolben nicht zu heiß wird, also für elektronische Schaltungen geeignet ist und nicht die Bauteile oder Isolierungen wegbrennt, aber auch heiß genug wird, um die Lötstelle hinreichend zu erhitzen, so dass das Lötzinn darauf fließt. Für feine Lötstellen, etwa auf Platinen, sollte der Lötkolben eine Leistung von etwa 15 Watt haben, für das Löten von Steckern und Kabeln mit dicken Litzen (Lautsprecherkabel) sind Lötkolben mit 40 Watt geeignet. Ein Lötkolben mit etwa 25 Watt ist für XLR- oder Cinch-Stecker gut geeignet und kann mit etwas Vorsicht auch auf Platinen eingesetzt werden. Falls Lötstationen mit einstellbarer Temperatur verwendet werden, sind Temperaturen von 310-370°C geeignet, je nach Größe der Lötstelle. Als Lötzinn empfiehlt sich Elektronik-Lötdraht mit Flussmittel.

Vor jedem Lötvorgang wird die erhitzte Lötspitze kurz an einem feuchten Schwamm abgewischt, um Verunreinigungen zu entfernen. Die einzelnen Lötstellen werden zunächst separat verzinnt, also heiß gemacht, und dann kurz das Lötzinn daran halten, bis es zerfließt. Nun erst werden die beiden Lötstellen zusammengebracht, wieder kurz erhitzt und dabei gegebenenfalls noch weiteres Lötzinn zugegeben. Beim Erkalten dürfen die Lötstellen nicht bewegt werden, sonst wird das Lötzinn brüchig. Ein kleiner Schraubstock ist dabei recht nützlich.

Lötstellen, die mit zu niedriger Temperatur gefertigt wurden, wirken matt und das Lötzinn verläuft dann nicht richtig, es bildet eine Tropfenform statt eines kleinen glänzenden Kegels. Solche "kalten" Lötstellen bilden eine schlechtleitende, brüchige Verbindung. Zu viel Lötzinn an einer Lötstelle kann dazu führen, dass das Bauteil zu lange erhitzt werden muss und dadurch beschädigt werden kann, außerdem steigt die Gefahr von Kurzschlüssen bei überbordenden Lötstellen.

Während des Lötens sollte auf eine gute Belüftung geachtet werden, da das Flussmittel Dämpfe abgeben kann, die Schleimhäute und Augen reizen können. Nach Abschluss der Lötarbeiten sollten die Hände gründlich gereinigt werden, da Lötzinn meistens giftiges Blei enthält. (Es gibt auch bleifreies Lötzinn, es ist jedoch schwieriger zu handhaben und erfordert höhere Löttemperaturen, so dass die Gefahr von Hitzeschäden an Bauteilen zunimmt.)

Arbeitsschutz

Die Organisation des Arbeitsschutzes im Rundfunk- und Fernsehbereich erfolgt durch die Berufsgenossenschaften (siehe: "Arbeitssicherheit in Produktionsstätten für Hörfunk, Fernsehen und Film" Merkblatt SP 25.1/2, von der Verwaltungs-Berufsgenossenschaft). Im privaten Bereich sind TÜV, DIN und VDE zuständig.

Bei Produktionen sollen fachlich geeignete Personen die Leitung und Überwachung der Arbeitssicherheit übernehmen, d.h.:

– Überwachung und Einhaltung der Vorschriften,
– Organisation des Brandschutzes,
– Erteilen von Anweisungen bei Gefahrensituationen,
– Unterweisung der Mitarbeiter und Mitwirkenden.

Zu den Aufgaben zählen im einzelnen:

– Festlegung von Leitung und Aufsicht
– Vorbesichtigung des Arbeitsortes
– Koordinierung von Arbeiten
– Unterweisung der Mitarbeiter
– Verteilung der Sicherungsaufgaben an Mitarbeiter
– Organisation der 'Ersten Hilfe' (Meldeeinrichtungen, Material, Ersthelfer)
– Zuteilung von persönlichen Schutzausrüstungen
– Sicherung von Flächen und Aufbauten
– Festlegung von Verkehrs- und Rettungswegen, sowie Notausgängen
– Schutz vor herabfallenden Gegenständen
– Festlegung von Zutrittsverboten
– Feuerschutz, Rauchverbot
– Prüfen (und ggf. genehmigen lassen) von Aufbauten
– Prüfen von Kabelführungen
– Absichern, dass Produktionsgeräte von sachkundigen Mitarbeitern bedient werden
– Ggf. einzusetzende Laser einrichten und prüfen

Produktionsstätten müssen die Erste Hilfe insofern sicher stellen, als dass Meldeeinrichtungen (z.B. Telefon) und Erste-Hilfe-Material (Verbandskasten) vorhanden sind, sowie dass ein Ersthelfer mit einer Grundausbildung von mindestens 8 Doppelstunden zur Verfügung steht.

Sicheres Arbeiten

Gerade die Arbeit bei Filmproduktionen verführt gelegentlich zu gewagten Improvisationen: Manchmal besteht der Bedarf nach besonders raffinierten Ausleuchtungen am Set, die nur mit komplexen und schwierigen Scheinwerfer-Aufstellungen, sowie langen Kabelwegen realisiert werden können, oftmals finden Dreharbeiten weitab von jeder Servicewerkstatt oder Ersatzteillagern statt und fast immer findet die Arbeit unter hohem Zeitdruck statt. Spätestens an dem Punkt, wo es heißt: "Das wird schon gutgehen ..." weiß man selber, dass es kritisch ist und gefährlich für sich und andere werden kann. (Versicherungen stufen Improvisationen dieser Art als grob fahrlässig ein und sind damit von einer Regulierung solcher Schadensfälle entbunden.)

Regeln für die Praxis

– Den einwandfreien Zustand der eingesetzten Technik überprüfen, insbesondere die Stromkabel.

– Keine nassen oder feuchten Geräte verwenden. Geräte auf Kondenswasser überprüfen, wenn man aus einer kalten Umgebung in eine warme Umgebung kommt. Geräte vor eventuell auftretendem Spritzwasser schützen.

– Die Belastbarkeit des Stromkreises prüfen, insbesondere beim Einsatz von Scheinwerfern oder anderen starken Verbrauchern. Auch prüfen, ob weitere Geräte, die nicht zur Filmausrüstung gehören, bereits an den Stromkreis angeschlossen sind. (Formel: Watt : Volt = Ampere) Gelegentlich sollte zudem die Wärmeentwicklung an starkbelasteten Kabeln und Steckern geprüft werden: Kontaktprobleme an Steckern oder zu klein dimensionierte Leitungen können einen erhöhten Widerstand aufweisen, sich dadurch unzulässig erwärmen und einen Schwelbrand oder Kurzschluß auslösen.

– Stromkabel sicher verlegen. Vorsicht bei der Verlegung in Türdurchgängen (Kabelbruch durch zuklappende Türen). Nicht an scharfkantigen Ecken verlegen, nicht an feuchten Stellen verlegen, Kabel nicht freihängend in Verkehrswegen verlegen. In Verkehrswegen die Kabelführung abdecken oder zumindest abkleben.

– Mehrere Geräte, die an einen Stromkreis angeschlossen sind (z.B. ein Schnittplatz), sollten nicht auf einmal mit einem Hauptschalter eingeschaltet werden, sondern einzeln nacheinander. Durch das Einschalten von Geräten können kurzzeitig Überspannungen auftreten, die die Sicherung auslösen oder Schäden an elektronischen Schaltungen hervorrufen können.

– Beim Herausziehen von Kabeln aus Steckdosen immer am Stecker ziehen, niemals am Kabel.

- Wenn Scheinwerfer oder andere starke Verbraucher an einer Kabeltrommel angeschlossen werden, muss das Kabel von der Trommel abgewickelt werden.
- Elektrische Geräte der Schutzklasse 1 (siehe unten) müssen an Steckdosen mit funktionierendem Erdungskontakt angeschlossen werden. (Ersatzhalber kann ein Trenntrafo verwendet werden, oder wenn die erforderliche Leistung zu hoch für einen Trenntrafo ist, ein geprüfter FI-Schutzschalter nach DIN VDE 0661.)
- Einige elektrische Geräte benötigen Kühlung. Auf ausreichende Belüftung achten.
- Auf eine sichere Aufstellung der Geräte achten. Insbesondere Scheinwerfer mit ihrem hohen Schwerpunkt sind leicht kippgefährdet. Daher die Stativbeine möglichst weit spreizen, ggf. eine Sicherungsbefestigung mit Gaffertape oder Schnur vornehmen. Das Stromkabel darf nicht frei im Raum hängen, also zunächst am Stativ herunter, ggf. mit Verlängerung, zum Boden verlegen.
- Scheinwerfer in hinreichendem Abstand von brennbaren Materialien aufbauen. Die heiße Abluft muss ungehindert abfließen können.
- Beim Austausch von Sicherungen nur solche mit gleichen Eigenschaften (Spannung, Nennstromstärke, träge oder flink) verwenden.
- Bei Störungen und vor Reparaturen die Spannung abschalten an Hauptschalter, Sicherung oder durch Ziehen des Steckers. Auch beim Verkabeln von Audio- und Videosignalen empfiehlt sich das Abschalten, weil sonst statische Aufladungen elektronische Schaltungen zerstören können.

Schutzklassen von Geräten
- Schutzklasse 0: Basisisolierung, kein Schutzleiter, in Deutschland nicht zugelassen.

- Schutzklasse I: Basisisolierung und Schutzleiter.
  Dreipoliger Stecker (Schuko-Stecker, Kaltgerätestecker)
  Symbol:

- Schutzklasse II: Basisisolierung und Schutzisolierung, kein Schutzleiter. Zweipoliger Stecker (Euro-Stecker)
  Symbol:

- Schutzklasse III : Geräte für Kleinspannungen bis 50V Wechselstrom oder 120V Gleichstrom. Kein Schutzleiter. Symbol:

Vorgeschriebene Kabelquerschnitte

Um Leistung zu verrichten müssen Elektronen transportiert werden. Die Elektronen durchfliessen dabei einen Leiter (Kabel). Wenn dieser Leiter zu klein dimensioniert ist, setzt er dem Elektronenfluss einen zu hohen Widerstand entgegen und erwärmt sich dabei. Das kann zum Schmelzen der Isolation, zu Bränden und Kurzschlüssen führen. Die nachfolgende Tabelle zeigt, welcher Kabelquerschnitt für welche Leistung mindestens erforderlich ist (- bezogen auf 230 V):

Leistung (kW)	3,5	4,4	5,5	7,7	11	13,8	17,6
Sicherung (A)	16	20	25	35	50	63	80
mm²	1,5	2,5	4	6	10	16	25

Beispiel: Wenn mehrere Verbraucher (z.B. Scheinwerfer) mit insgesamt 3500 Watt über ein Kabel versorgt werden sollen, dann muss dieses Kabel mindestens einen Querschnitt von 1,5 mm² pro Leiter aufweisen. Die Sicherung des betreffenden Stromkreises muss mindestens 16 Ampere aufweisen, ebenso müssen alle verwendeten Stecker und Steckdosen für 16 Ampere zugelassen sein.

Erdung

Wechselstrom verlässt das Kraftwerk mit dem dreiphasigen Drehstrom, einem Nullleiter (Rückleitung) und der Erdung, d.h., jede Phase enthält gegenüber dem Nullleiter und der Erde die volle Spannung.
Wenn nun der Nullleiter unterbrochen ist, oder einen hohen Widerstand bietet, kann ein defektes Gerät eine gefährliche Aussenspannung aufweisen. Gleiches gilt für eine defekte Erdung.

Wird ein Gerät über einen Trenntransformator betrieben, besteht keine Gefahr mehr, dass eine Geräteaussenspannung durch Berührung an die Erde weitergeleitet wird. Ein Trenntrafo überträgt den Strom elektromagnetisch, es gibt also keinen direkten Kontakt über elektrische Leiter. Es darf aber nur ein Gerät an den Trenntrafo angeschlossen sein.

Sicherung

Eine Sicherung trennt die Phase nur, wenn die Stromstärke ein bestimmtes Maß überschreitet, also bei einer Überlastung oder Kurzschluss. Für die Absicherung von Netzstrom gibt es zwei Typen:
- Die Schmelzsicherung, sie ist nur einmal verwendbar. Darin befindet sich ein feiner Draht, der bei Überlastung durchglüht.
- Der Sicherungsautomat, bei dem entweder thermisch oder magnetisch ein Ausschalter ausgelöst wird. Er weist einen Druckknopf auf, mit dem die Sicherung wieder eingeschaltet werden kann.

In elektrische Geräte sind häufig Feinsicherungen eingebaut, zumeist Schmelzsicherungen in kleinen Glasröhren. Hier ist darauf zu achten, ob diese "träge" oder "flink" ausgelegt sind, das heißt, ob sie schnell auf kurzzeitige Stromspitzen ansprechen oder erst bei andauerndem starken Stromfluss auslösen.

FI-Schutzschalter

In einem FI- (= Fehlerstrom-) Schutzschalter wird der zum Verbraucher fließende Strom zum Aufbau eines Magnetfeldes genutzt, der rücklaufende Strom im Nullleiter baut ein gegenpoliges Magnetfeld auf. Sind beide Magnetfelder gleich groß, neutralisieren sie sich. Wenn hingegen ein Teil des Stroms über Erde abgeleitet wird, dann sind die Magnetfelder ungleich und ein Schalter wird ausgelöst, der allpolig den Stromkreis trennt.

Erste Hilfe bei Stromschlag

1. Stromkreis unterbrechen (Sicherung ausschalten, oder Hauptschalter ausschalten, oder Stecker ziehen, oder die Person mithilfe eines nichtleitenden Gegenstandes von der Stromquelle trennen).
2. Wiederbelebung: Atem und Puls kontrollieren, bei Bewusstlosigkeit in die stabile Seitenlage bringen, bei Atemstillstand Atemspende geben, bei Herzstillstand eine Herz-Lungen-Wiederbelebung verabreichen. Die Wiederbelebung soll in dem Verhältnis 30 Herz-Druckmassagen zu 2 Beatmungen stattfinden. (Für die Herz-Druckmassage soll dabei eine Frequenz von 100 Druckmassagen pro Minute erreicht werden.)
3. Schockbekämpfung (starke Blutungen stillen, schmerzfrei lagern, beengende Kleidung öffnen, frische Luft, ansprechen, beruhigen)
4. Brandwunden: Kaltwasser, Wunde keimfrei bedecken
5. Notruf

Für den Notruf sind die folgenden Angaben wichtig:
– Wo ist es passiert?
– Was ist passiert?
– Wieviele Personen sind betroffen?
– Welche Verletzungen liegen vor?
– Dann: Warten auf Rückfragen!

Bei Hochspannung (mehr als 1000 Volt) darf eine Rettung nur durch Fachpersonal nach Abschalten der Spannung erfolgen.
Grundsätzlich gilt: Spannungen über 50 Volt sind gefährlich.

Videotechnik

Bildsignale

Fernsehbilder werden als Zeilen geschrieben, das heißt, eine Kamera liest Bildpunkt für Bildpunkt zeilenweise Helligkeitsinformationen und setzt diese in elektrische Ströme um. Ein heller Bildpunkt enthält viel Lichtenergie und kann somit mittels eines lichtempfindlichen Sensors eine hohe elektrische Spannung erzeugen, ein dunkler Bildpunkt erzeugt eine geringe oder gar keine Spannung. Es entsteht also eine den Helligkeitsinformationen analoge Darstellung durch Strom-spannungswerte. Diese analoge Technik ist immer noch Grundlage und Ausgangspunkt der Videotechnik, die digitalen Signale der heutigen Technik werden in der Kamera aus analogen Signalen gebildet und schließlich am Ende der Signalkette wird in den Röhrenmonitoren das Bild wiederum mit einer analogen Technik erzeugt.

Neben der eigentlichen Bildinformation, die zunächst schwarzweiß ist, müssen noch Signale für die Taktung des Bildes enthalten sein, die das Bild in Zeilen, Halbbilder und ganze Bilder 'zerlegen'. Außerdem soll das Bild farbig sein (- muss aber trotzdem kompatibel zu Schwarzweiß-Monitoren sein), es braucht also eine zusätzliche Farbinformation.

Für eine einfache analoge Übertragung zum Endverbraucher (bzw. Aufzeichnung auf VHS) werden die notwendigen Video-Signalbestandteile zu einem Signal zusammengefasst, dem FBAS- oder Composite-Signal (engl.: CVBS = Composite Video Broadcast Signal). Dieses FBAS-Signal setzt sich zusammen aus den Komponenten:

F = Farbsignal
B = Bildsignal
A = Austastsignal
S = Synchronsignal

Bildsignal (PAL, schwarz-weiß)

Das Bildsignal beim PAL-System (= Phase Alternation Line, TV-Standard in Westeuropa) wird zusammengesetzt aus 625 Zeilen, von denen 575 sichtbar sein sollen. (Man findet für Digitalformate eine Angabe mit 576 sichtbaren Zeilen, weil dort die Verwendung von 2 x 287,5 Zeilen problematisch ist. Daher werden der digitalen Information zwei halbe leere Zeilen hinzugefügt, so dass nun pro Halbbild 288 aktive Zeilen verwendet werden.) Die restlichen Zeilen bilden die vertikale Austastlücke, mit dem Vertikal-Synchronimpuls (Trabanten für die Vertikalsynchronisation in den Zeilen 1-5, 311-318, 623-625), dem Referenz-Hilfsträger-Signal (Zeile 8), Prüfzeilen (die Zeilen 17, 18, 330, 331), Timecode und Videotext (innerhalb der Zeilen 7-22 und 320-335), VPS (Zeile 16) und der Signalisierung für PALplus (Zeile 23, 1.Hälfte). Die Darstellung einer Bildzeile dauert 52 µs (Mikrosekunden). Das ist jedoch nur die Dauer der sichtbaren Bildinformation. Die Gesamtzeilendauer beträgt 64 µs, davon entfallen 12 µs auf das Austastsignal (siehe unten).

Bei dem gegebenen Bildseitenverhältnis von 4:3 könnten bei gleicher horizontaler und vertikaler Auflösung idealerweise also 766 Bildpunkte pro Zeile dargestellt werden. Theoretisch könnte man somit 766 senkrechte Linien in einem Videobild darstellen. 766 abwechselnd weiße und schwarze Linien entsprechen 383 schwarz-weiß-Perioden, also Schwingungen des elektrischen Signals, die in 52 µs dargestellt werden müssen, dies entspricht einer Schwingungsfrequenz von 7,37 MHz. Durch Übertragungs- und Darstellungsprobleme lassen sich davon jedoch nur 70 – 80 % darstellen, dies entspricht einer Auflösung von etwa 5 – 5,8 MHz. Die Helligkeitswerte der einzelnen Bildpunkte werden in elektrische Ströme umgerechnet. Zwischen dem Schwarz- und Weißwert soll ein maximaler Unterschied von 0,7 Volt (= 100% Bildamplitude) bestehen.

Es werden 25 Bilder (Frames) pro Sekunde übertragen, jedes davon als 2 Halbbilder (Fields). Es finden also 50 Bildwechsel pro Sekunde statt. Das erste Halbbild zeigt die Zeilen 1,2,3,... bis zur ersten Hälfte der Zeile 313, das zweite die Zeilen 313 (zweite Hälfte), 314, 315,... bis zur Zeile 625. (Da die beiden Halbbilder aber nicht untereinander gezeigt werden, sondern ineinander verschachtelt, sähe die Abfolge beim gleichzeitigen Betrachten von beiden Halbbildern so aus: Zweite Hälfte 313, 1, 314, 2, 315, usw.)

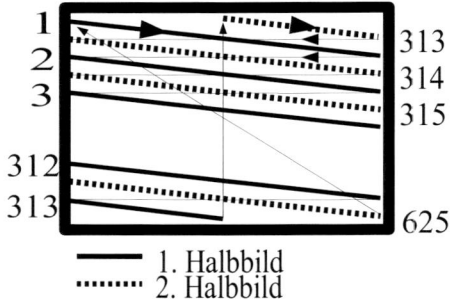

Zeilenaufbau eines Fernsehbildes

Diese Verkämmung von Halbbildern wird auch 'Zeilensprungverfahren' oder 'Interlaced-Mode' genannt. Die Aufteilung der Zeile 313 in zwei Hälften ist unter anderem deswegen notwendig, damit beide Halbbilder die gleiche Dauer haben.

Austastsignal

Der Elektronenstrahl eines Fernsehers muss nach dem Ende einer Zeile wieder zum Anfang der nächsten geführt werden, dazu wird er auf "schwarz" geschaltet, das entspricht 0,3 Volt der Signalamplitude. Das Austastsignal für die Zeilenrückführung hat eine Dauer von 12 µs und besteht aus der so genannten 'vorderen Schwarzschulter' mit 1,5 µs, dem Synchronsignal (siehe unten) mit 4,7 µs und der 'hinteren Schwarzschulter' mit 5,8 µs. Auf der hinteren Schwarzschulter befindet sich bei einem PAL-Farbsignal auch der Burst (siehe unten: Farbe)

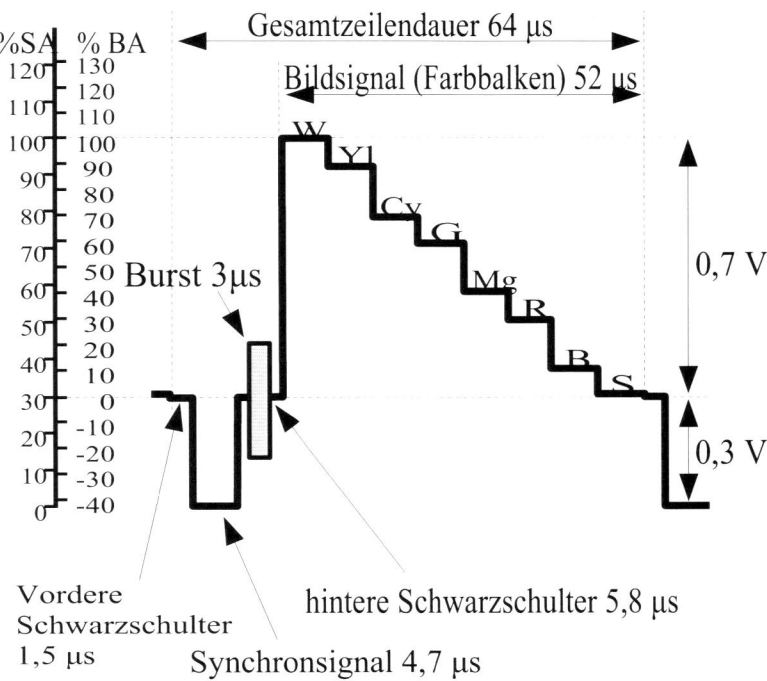

FBAS-Signal einer Zeile (am Beispiel eines Farbbalkens)

Synchronsignal

Im Austastsignal ist das Synchronsignal enthalten, das den Zeilenwechsel veranlasst. Dazu muss sich das Synchronsignal deutlich vom Bildsignal und dem Austastsignal unterscheiden. Für die Dauer von 4,7 µs schaltet es die

Spannung auf 0 Volt herunter. Die Videosignalamplitude beträgt somit maximal 1 Volt = 0,3 Volt Austastsignal + maximal 0,7 Volt Bildamplitude. Das Synchronsignal besorgt auch den Halbbildwechsel., indem das Synchronsignal dazu eine Dauer von 2½ Zeilen, also 160 µs, erhält. Damit der Rhythmus für die Zeilensynchronisation währenddessen erhalten bleibt, wird dieser lange Vertikal-Synchronimpuls zweimal pro Zeile, also insgesamt fünf mal für 4,7 µs durch ein Schwarz-Signal unterbrochen (sozusagen ein umgekehrtes Synchronsignal). Um den Vertikal-Synchronimpuls einzuleiten gibt es noch die so genannten Trabanten, das sind fünf Synchronimpulse, jeweils im Abstand einer halben Gesamtzeile, vor und nach dem Vertikal-Synchronimpuls (Vortrabanten und Nachtrabanten).

Der Wechsel vom ersten zum zweiten Halbbild muss dabei anders signalisiert werden, als der Wechsel vom zweiten zum ersten Halbbild. Daher wird vom ersten zum zweiten Halbbild bereits nach dem Ablauf der halben 313ten Zeile umgeschaltet, vom zweiten zum ersten Halbbild erst nach dem Ende der 625ten Zeile.

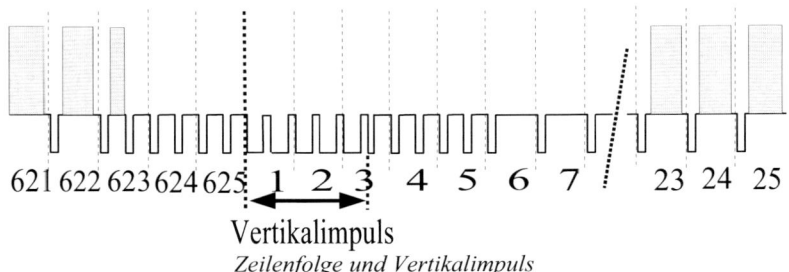

Vertikalimpuls

Zeilenfolge und Vertikalimpuls

B (Bildsignal), A (Austastsignal) und S (Synchronsignal) ergeben zusammen das Schwarz-Weiß-Signal Y. Dazu muss nun noch das Farbsignal übertragen werden.

Farbe (PAL)

Um die Übertragungskapazität zu erhöhen wird ein Farbsignal nicht in der vollen Auflösung jeder einzelnen Grundfarbe (Rot/Grün/Blau = additive Farbmischung) übertragen, sondern nur das Schwarz-Weiß-Signal, das für den Bildschärfeeindruck verantwortlich ist, wird in der vollen Auflösung übertragen. Das menschliche Auge ist für Farbinformationen nicht so empfindlich, es genügt also eine reduzierte Darstellung mit etwa 1,3 MHz Bandbreite. Zunächst wird aus dem RGB-Signal, das die Bildwandler (CCDs) herstellen, das Komponentensignal errechnet: Das Helligkeitssignal Y mit der vollen Auflösung, die Farbinformation wird mittels der

Komponentenanteile R-Y (für rot) und B-Y (für blau) in geringerer Auflösung dargestellt. Der Grünanteil lässt sich mit Hilfe der Komponentenanteile aus dem Schwarz-Weiß-Signal errechnen, da bei der additiven Farbmischung für einen Grauwert ja alle 3 Grundfarben enthalten sein müssen (Y setzt sich aus den Anteilen 0,299 R + 0,587 G + 0,114 B zusammen).

[*Die beiden Farbdifferenzsignale R-Y und B-Y weisen zunächst allerdings verschiedene Pegelbereiche auf: R-Y = +/- 490 mV, B-Y = +/- 620 mV. Es ist für die Signalbearbeitung daher zweckmäßig, die beiden Farbdifferenzsignale auf den gleichen Pegelbereich von ±350 mV (bezogen auf einen 100/100 Farbbalken) zu reduzieren. Sie entsprechen (für Systeme mit 625 Zeilen) damit dem 'EBU Technical Standard N10', kurz: 'EBU N-10'. Diese reduzierten Farbdifferenzsignale (R-Y x 0,713 sowie B-Y x 0,564) werden als C_R und C_B bezeichnet (in den USA: P_R und P_B, allerdings nicht der EBU N-10 Norm entsprechend) und ohne eigenes Synchronsignal übertragen. Abweichend davon gab es noch die sogenannte Sony-Norm: Für die interne Verarbeitung beim Betacam-System (nicht: SP) werden R-Y und B-Y weniger stark reduziert: Hier ergibt sich bereits bezogen auf einen 100/75 Farbbalken bereits ein Pegelbereich von ±350 mV, das führt bei einem 100/100 Farbbalken zu einem (unzulässigen) Pegel von +/- 467 mV.*]

Für eine FBAS-Übertragung im PAL-System wird das Farbsignal nun noch weiter reduziert: Wenn man die Werte von R-Y und B-Y in ein Koordinatensystem überträgt, dann ergibt jede mögliche Kombination aus den Werten einen Punkt im Koordinatensystem, der auch als Vektor beschrieben werden kann.

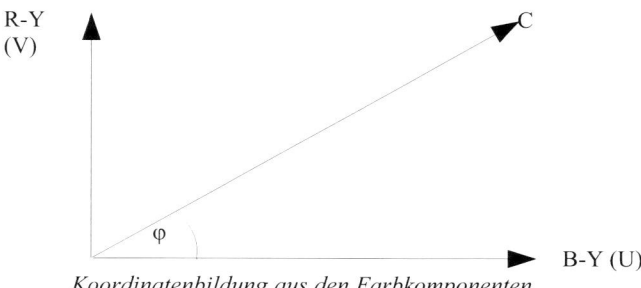

Koordinatenbildung aus den Farbkomponenten

Der Wert der aus den beiden Koordinaten von R-Y und B-Y gebildet wird, kann auch durch die Länge des Vektors C und seinem Winkel φ im Koordinatensystem beschrieben werden. Die Länge des Vektors entspricht dabei der Farbsättigung und Helligkeit, der Winkel φ entspricht dem Farbton (Farbphasenwinkel).

Um Übermodulationen (voll gesättigte Farbtöne könnten den Wert des Synchronsignals erreichen und damit die Bildübertragung stören) zu verhindern werden die Signale R-Y und B-Y zunächst jedoch reduziert. Daraus ergeben sich die Werte   U = 0,49 x (B-Y)   und   V = 0,88 x (R-Y). Aus U und V wird nun ein Vektor gebildet, indem das U- und das V-Signal jeweils separat auf eine gleiche Trägerfrequenz als Amplitude aufmoduliert werden. Diese beiden modulierten Trägerfrequenzen werden dann um 90 Grad phasenverschoben addiert (d.h., die erste Schwingung geht gerade durch Null wenn die zweite ihr Maximum erreicht) zu einer Schwingung. Dieses Verfahren heißt Quadratur-Amplituden-Modulation, kurz QUAM. Das so entstandene Chrominanzsignal wird mit C bezeichnet.

Der Vektor von C wird als Schwingung in das Schwarz-Weiß-Signal integriert und zwar als Amplituden-Modulation auf einer Trägerfrequenz von 4,43 MHz. Das heißt, die Länge des Vektors wird als Ausschlag (Höhe) der Amplitude dargestellt, der Farbphasenwinkel als Phasenversatz in der Trägerfrequenz. Damit der Phasenversatz beim Empfänger erkannt wird, gibt es ein Referenzsignal, den Burst. Er befindet sich auf der hinteren Schwarzschulter des Videosignals, zwischen Synchronsignal und der eigentlichen Bildinformation. Der Burst besteht aus 10 Schwingungen der Farbträger-Frequenz von 4,43 MHz (ohne Phasenversatz ergibt das die Farbe Braun-Orange), er hat eine Spannung von 0,3 Volt und eine Dauer von ca. 3 µs. Beim PAL-System (PAL bedeutet "Phase Alternation Line") wird zusätzlich dazu bei jeder Zeile die Farbphase gewechselt (an der X-Achse, bzw. vertikal gespiegelt), um Übertragungsfehler zu minimieren. Im Empfänger wird das Farbsignal nun in jeder Zeile mit der nächsten Zeile verglichen, in der das Farbsignal mit einer anderen Phasenlage übertragen wird. Phasenfehler können so herausgerechnet werden. Welche Phasenlage für die jeweilige Zeile übertragen wird, zeigt dabei das Burst-Signal an.

Beim analogen Videoschnitt ist es für PAL-Signale (FBAS) notwendig, die so genannte PAL-Sequenz zu berücksichtigen, das heißt, solches Material kann nur dann sauber aneinander geschnitten werden, wenn dabei die Farbphasen-Reihenfolge eingehalten wird. Eine PAL-Sequenz besteht aus acht Halbbildern. Beispielsweise kann deswegen an das sechste Halbbild einer PAL-Sequenz nur ein Bild angefügt werden, das sich gerade im siebten Halbbild der PAL-Sequenz befindet. Die Schnittsteuerung eines analogen Schnittplatzes korrigiert beim Nichteinhalten der PAL-Sequenz automatisch den In-Punkt des Players, es wird also nicht bildgenau geschnitten. Bei Betacam-Recordern kann eingestellt werden, ob in einer 8er-Sequenz (8 Field) ein störungsfreier Schnitt gewährleistet sein soll, oder ob mit einer 4er-Sequenz (4 Field) bildgenaueres Schneiden gewünscht ist, jedoch mit der Gefahr gelegentlich auftauchender Ruckler (H-Ruck) im Bild, oder ob man in einer 2er-Sequenz (2 Field) Komponenten-Signale bearbeiten möchte. Der H-Ruck kann auch auf eine verschobene H-Phase (siehe dort) zurückzuführen sein.

Übertragungswege im Vergleich

FBAS

Die Übertragung eines Videosignals als FBAS-Signal (siehe oben, auch Composite-Signal oder CVBS genannt) ist zwar praktisch, da nur ein Kabel für das komplette Bildsignal benötigt wird, weist aber Probleme auf: Im Empfänger lassen sich FBAS-Signale nicht mehr vollständig trennen, so dass durch die gegenseitige Beeinflussung der Signale F + BAS Bildfehler entstehen.

– Cross-Colour-Fehler: Falschfarben bei feinen waagerechten und senkrechten Linienmustern, z.B. Anzüge mit Fischgrätenmustern.-

– Cross-Luminanz-Fehler: Bei harten Übergängen von stark kontrastierenden Farben (z.B. rot-grün) entstehen z.B. schwarze Kanten.

Ein FBAS-Signal wird von Fernsehsendern nur in begründeten Ausnahmefällen akzeptiert (zum Beispiel bei Verwendung von älterem Video-Archivmaterial). Ein Signal, das einmal FBAS-kodiert ist, lässt sich nicht mehr vollständig entflechten, bleibt also als FBAS-Material erkennbar. Für die Übertragung werden Videokabel mit 75 Ω Wellenwiderstand benutzt. Es handelt sich dabei um sogenannte Koaxialkabel, das heißt, der eigentliche Leiter aus Kupfer ist umgeben von einer Kunststoff-Isolation, die wiederum von einem flexiblen Geflecht aus dünnen Litzen ummantelt wird. Dieses Geflecht bildet zum einen den Rückleiter und schirmt zum anderen den Leiter gegen elektrische Einflüsse ab. Diese Abschirmung ist wiederum umgeben von einem Kunststoff-Mantel, der direkte elektrische Kontakte verhindert. Die Kabel können mit BNC-, oder Cinch-Anschlüssen versehen sein, ebenso werden SCART-Kabel verwendet, selten auch DIN-Kabel mit sechspoligen Steckern.

Y/C

Hier werden das BAS-Signal (Y = Luminanz) und das Farbsignal (C = Chrominanz) getrennt übertragen. Das C-Signal wird dabei aus dem Vektor der reduzierten Farbkomponenten U und V gebildet, zusätzlich enthält es den Burst. Die Bandbreite der Farbinformation ist damit etwas geringer als bei einem Komponentensignal. Hier können nur noch geringe Fehler bei der Dekodierung des C-Signals in R-Y und B-Y geschehen, Cross-Colour-und Cross-Luminanz-Fehler gibt es beim Y/C-Signal nicht. (Als S-VHS-Bandaufzeichnung werden die Signale übrigens zu einem Signal zusammengerechnet, allerdings ist bei der S-VHS-Bandaufzeichnung ein größerer Abstand zwischen den C- und den Y-Frequenzbereichen gegeben als bei VHS, somit kommt es bei S-VHS nicht zu sichtbaren Cross-Colour-und Cross-Luminanz-Fehlern.)

Für die Übertragung werden Kabel mit vierpoligen S-Video-Steckern

(Hosiden) verwendet, die Y- und die C-Leitung sind jeweils wieder als 75Ω-Koaxialkabel ausgeführt. Im professionellen Bereich gibt es zudem Kabel mit siebenpoligen arretierbaren Steckern. Außerdem ist eine Übertragung mit SCART-Kabeln möglich, dazu müssen jedoch die Ausgänge des Zuspielers dafür schaltbar sein.

Y / R-Y / B-Y
Hier werden in 3 Leitungen das BAS (Y)-, das B-Y - und das R-Y -Signal als getrennte Komponenten übertragen, daher wird es auch Component-Signal genannt (- genaugenommen handelt es sich um das $Y/C_R/C_B$-Signal, siehe oben). Bei Betacam-SP bildet dieses Signal die Grundlage für eine getrennte Aufzeichnung (als CTDM-Signal = Compressed Time Division Multiplexed Chrominance Recording). Das Y/R-Y/B-Y-Signal ist auch für die Dekodierung im Monitor am unproblematischsten. (Es wird allerdings häufig mit dem Y/U/V-Signal verwechselt, dieses dient aber nur zur Bildung der Vektorkomponenten bei einem FBAS-Signal, s.o.)
Die Übertragung erfolgt meistens mit drei separaten Koaxial-Videokabeln (75 Ω Wellenwiderstand) mit BNC-Steckern, gelegentlich auch mit Cinch-Kabeln. Das CTDM-Signal kann direkt in 12-poligen DUB-Kabeln übertragen werden.

Digital
Digitale Signale werden meistens auf der Grundlage des Y/R-Y/B-Y-Signals gebildet und können dann seriell mit einem Kabel übertragen werden. Für die Übertragung gibt es die Standards Firewire, SDI (Serial Digital Interface) und SDTI (Serial Digital Transport Interface). Firewire (auch IEEE 1394 oder i.Link) überträgt in einer 4-poligen Leitung Daten mit 400 Mbit/s, neue abwärtskompatible Firewire-Standards auch 800 Mbit/s. Wird Firewire an einem digitalen Schnittplatz verwendet, überträgt es neben Video- und Audio- auch Steuerdaten. Mit SDI werden unkomprimierte digitale Komponentensignale mit bis zu 270 Mbit/s in einem Glasfaser- oder Standard-BNC-Kabel (Koaxial, 75 Ω Wellenwiderstand) übertragen. SDTI kann auch komprimierte digitale Signale bis zu 270 Mbit/s übertragen, ebenfalls mit einem BNC-Kabel. In Fernsehstudios werden zur Signalübertragung zwischen Kameras und den CCUs Triax-Kabel verwendet. Im Frequenzmultiplex werden dabei Bild-, Steuer- und Referenzsignale übertragen. Neben der Signalübertragung muss eine Stromversorgung für die Kamera erfolgen, dazu wird eine zweite äußere Schirmung des Kabels benötigt.
Digitale unkomprimierte HD-Signale (720p, 1080i, 1080p) können an einer HD-SDI-Schnittstelle (SMPTE 292M) übertragen werden, die Datenrate kann bis zu 1,485 GBit/s betragen, Kabellängen bis zu 100 m sind möglich. Dafür können auch SDI-Kabel verwendet werden.

Die Zusammenschaltung von zwei HD-SDI-Kabeln (SMPTE 372M) ermöglicht eine Datenrate von 2,97 GBit/s und damit auch die Übertragung von 2k-Signalen. Eine gleiche Datenrate über nur ein Kabel wird mit dem Standard 3G-SDI (SMPTE 424M) erreicht.

RGB

Rot/Grün/Blau (3 Leitungen) mit voller Auflösung, wird in Computern verwendet, zusätzlich ist auch eine Übertragung der horizontalen und vertikalen Synchronsignale möglich.

Die Übertragung erfolgt mit separaten Videokabeln (koaxial, 75 Ω Wellenwiderstand) mit BNC-Steckern, oder mit speziellen Monitorkabeln (Computer) oder auch mit einem SCART-Kabel.

Antenne

Eine terrestrische, analoge Antennenübertragung geschieht mittels eines HF-Signals (Hochfrequenz-Signal; Englisch: RF = Radio Frequency). Dazu wird das FBAS-Signal zunächst auf eine hochfrequente Zwischenträger-Frequenz von 38,9 MHz amplitudenmoduliert. Auf zwei weitere Zwischenträger-Frequenzen (33,4 und 33,15 MHz) werden die beiden Tonspuren frequenzmoduliert. Die Zwischenträger-Frequenzen werden nun einer gemeinsamen Trägerfrequenz aufmoduliert. Für jeden Sender steht eine eigene Trägerfrequenz in einem der VHF- (Very High Frequency) oder UHF- (Ultra High Frequency) Bereiche zur Verfügung. (VHF I = 47-68 MHz, VHF III = 174-230 MHz, UHF IV = 470-585 MHz und UHF V = 610-862 MHz.) Benachbarte Sendebereiche dürfen dabei nicht dieselben Frequenzen benutzen, da es dabei zu gegenseitigen Störungen kommen würde. Als Antennenkabel wird ein Koaxialkabel mit 75Ω Wellenwiderstand verwendet. Die analoge Antennenübertragung wird derzeit flächendeckend durch den digitalen DVBT-Standard ersetzt.

DVBT

Bei DVBT (Digital Video Broadcast Television) wird das digitale MPEG2-Format verwendet. Das MPEG2-Signal wird in den bereits vorhandenen VHF- und UHF-Frequenzbereichen einem Trägersignal aufmoduliert. DVBT ersetzt somit die bisherige terrestrische analoge Rundfunkübertragung, die mit Zimmer- oder Hausantenne empfangen werden kann. Zwar kann weiterhin über Antenne empfangen werden, jedoch braucht jedes Endgerät nun einen Decoder, der die MPEG2-Signale entschlüsseln kann. Der Vorteil ist, dass damit fast so viele Sender wie mit Kabel oder Satellitenschüssel empfangen werden können und eine sehr stabile Bildqualität erreicht wird. (Vorausgesetzt, dass die Feldstärke, also die Signalstärke des Antennensignals am Empfangsort, ausreichend ist. Wenn die Feldstärke zu gering ist, verschlechtert sich die Bildqualität nicht langsam wie bei einem analogen Signal, sondern es entstehen großflächige Artefakte, bzw. das Bild fällt schlagartig total aus.)

Der Nachteil vom DVBT-Verfahren ist, dass mehrere Programme auf einem Kanal mit einer vergleichsweise schmalen Bandbreite (2 bis 4 Mbit/s) übertragen werden, so dass die Kompression relativ hoch ist. Darunter leiden bewegungsintensive Bildsequenzen, z.B. bei Sportübertragungen oder auch einfache Bildüberblendungen, die dann Artefakte aufweisen können.

Grundsätzlich gilt: Kameras stellen zunächst ein analoges RGB-Signal her, das sie dann in Y/R-Y/B-Y, YC, FBAS und ggf. in die digitale Signale wandeln. Am Ende der Übertragungskette stehen wiederum Fernseher/Monitore, bei denen die 3 Elektronenstrahlen in der Bildröhre mit RGB-Signalen arbeiten. Neuere Plasma- oder LCD-Monitore können aber auch schon digitale Signale direkt zur Ansteuerung der Pixel-/Plasma-Bildpunkte verarbeiten.

Je weniger die Signale für die Übertragung und Bearbeitung gewandelt und je getrennter sie übertragen, bearbeitet und aufgezeichnet werden, desto besser ist die Bildqualität.

Die Übertragungsart muss nichts mit der Aufzeichnungsart zu tun haben: Z.B. wird das Signal bei S-VHS und Hi8 zwar als Y/C getrennt übertragen, jedoch bei der Aufzeichnung ineinander verschachtelt. Bei Betacam-SP hingegen wird das Y/R-Y/B-Y -Signal getrennt übertragen und auf getrennten Magnetspuren aufgezeichnet, dies wird als Komponenten-Signal bezeichnet. Ein verschachteltes Signal (FBAS) wird als Composite-Signal bezeichnet.

Digitale Videosignale

Das digitale Videosignal wird bei den meisten Systemen auf der Grundlage des analogen Y/R-Y/B-Y-Signals gebildet. Das heißt, auch hier werden Farbe und Helligkeit getrennt übertragen, bzw. verarbeitet und aufgezeichnet. Die Trennung findet allerdings nicht über verschiedene Leitungen statt, sondern das Signal wird in einer seriellen Abfolge in einer Leitung übertragen. Der Vorteil gegenüber analogen Übertragungs- und Aufzeichnungssystemen ist, dass eine Veränderung der Signalamplitude, etwa bei Übertragungsproblemen durch zu lange Leitungen, keinen Einfluss auf die Signaldarstellung hat, solange das digitale Signal in seiner Struktur erkennbar bleibt und damit vollständig rekonstruierbar ist.

Aus dem zunächst analogen Signal, wie es aus den Wandlerchips der Kamera kommt, wird das digitale Signal abgetastet. In regelmäßigen Abständen werden dazu Proben (Samples) erstellt und den dabei gemessenen Werten ganze Zahlen aus einer endlichen Menge zugeordnet.

Dabei muss zum einen festgelegt sein, wie häufig das Signal abgetastet wird (Abtastfrequenz) und zum anderen, wie viele Wertstufen pro Abtastung möglich sind (Quantisierungsstufen).

Quantisierungsstufen ➔

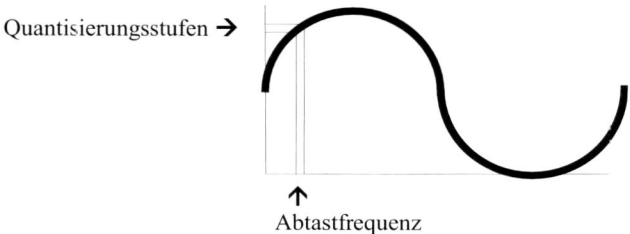

↑
Abtastfrequenz

Digitale Abtastung eines analogen Signals

Für die Abtastfrequenz gilt, sie muss mindestens das doppelte der wahrnehmbaren Frequenzen betragen, damit jede nutzbare Schwingung erfasst werden kann (Abtasttheorem). Bei Audiosignalen ist das anschaulich, die höchste wahrnehmbare Frequenz liegt (je nach Alter des Hörers) bei etwa 18 bis 20 kHz. Wenn man dazu noch etwas Reserve packt und dann das ganze verdoppelt, landet man bei 44,1 kHz, der Abtastrate einer CD. (Die Fernsehsendeanstalten fordern übrigens für Bearbeitung und Speicherung von digitalen Audiosignalen eine Abtastrate von 48 kHz.)

Für ein Videovollbild im PAL-Format ergibt sich somit: In einem 4:3 Bildformat mit 575 aktiven Zeilen müssten pro Zeile 766 Punkte dargestellt werden können und zwar jeweils in 52 μs, der Dauer der reinen

Bildinformation pro Zeile. Für die digitalen Formate gelten aber etwas andere Voraussetzungen:

575 aktive Zeilen bedeuten 287,5 Zeilen pro Halbbild. Eine halbe Zeile stellt aber ein Problem für digitale Datenwörter dar. Also wurden die halben Zeilen mit jeweils einer halben Leerzeile aufgefüllt, so dass nun jedes Halbbild 288 Zeilen und das Vollbild somit 576 aktive Zeilen hat.

Wenn die Bildsignale horizontal und vertikal mit einer gleich hohen Auflösung dargestellt werden sollen, müssen die einzelnen Bildpunkte quadratisch sein ('square Pixel'). Theoretisch ergäbe sich somit für digitale PAL-Videosignale in einem Bild-Seitenverhältnis von 4:3 bei 576 aktiven Zeilen eine Bildauflösung von 576 x 768 Pixeln. Um aber die Formate PAL und NTSC (horizontal = 640 Pixel) einander anzunähern, wurde die horizontale Auflösung für beide Systeme auf 702 Pixel in 52 µs Abtastzeit festgelegt. Dazu kam noch die Verbreiterung der bisherigen Bildinformation um jeweils 9 Pixel zu Beginn und am Ende jeder Zeile, um einen Sicherheitsrand für eine Wiedergabe mit analoger Technik zu schaffen. Die dafür benötigte Zeit wurde den Schwarzschultern abgezogen (siehe: Austastsignal). Damit beträgt die Dauer einer aktive Bildzeile nun 53,33 µs. Außerdem ist jetzt das Seitenverhältnis der Pixel nicht mehr quadratisch: Pro Zeile teilen sich nun 720 Pixel die Fläche, die vorher von 768 Pixeln beansprucht wurden. Es sind 'non-square-Pixel' mit einem Seitenverhältnis von 1:1,0667 entstanden. Wichtig ist das insofern, als das Computer und somit Bildbearbeitungsprogramme (Photoshop, etc.) mit square-Pixeln arbeiten, das heißt, bei der Übertragung von Videodateien in Grafikprogramme (und umgekehrt) müssen die Bild-Seitenverhältnisse gegebenenfalls um den Faktor 1,0667 korrigiert werden.

Bei 720 Bildpunkten (= Abtastwerten) pro Zeile, die abwechselnd aus schwarzen und weißen Punkten bestehen, ergeben sich 360 Schwingungen (je zwei Punkte bilden eine schwarz-weiß Periode, also eine Schwingung). Damit ergibt sich für die Abtastung in jeder Zeile: 360 Schwingungen : 53,33 µs = 6,75 MHz. Diese analoge Bildfrequenz muss nun für die Umwandlung in ein digitales Signal mit mindestens der doppelten Abtastfrequenz erfasst werden.

Die Quantisierungsstufen werden in bit dargestellt. 1 bit entspricht dem Schaltungszustand 0 oder 1, 8 bit bilden 1 Byte, das sind 2^8 = 256 Werte, bzw. Quantisierungsstufen. 16 bit ermöglichen die Darstellung von etwa 65.000 Quantisierungsstufen. (Damit ist bei einem Audiosignal keine Verfälschung gegenüber dem Original hörbar.) Für ein Videosignal genügen 8 bit (256 Stufen), bei Filmmaterial sollten es bis zu 14 bit (etwa 16.000 Stufen) sein.

Da das analoge Videosignal unendlich viele mögliche Werte hat, die mit der endlichen Anzahl der Quantisierungsstufen nur annäherungsweise erfasst werden können (es wird sozusagen gerundet, wenn der Videowert zwischen zwei Stufen liegt) entstehen Quantisierungsfehler, die auch als Quantisierungsrauschen bezeichnet werden. Bei einer genügend hohen Quantisierungsrate verteilen sich diese Fehler jedoch statistisch gleichmäßig und werden insofern nicht wahrgenommen.

Für das digitale Video-Komponentensignal, mit 720 Abtastwerten pro aktiver Zeile, wurde in der internationalen Norm "ITU-R BT.601" festgelegt, dass das Luminanz-Signal eine Abtastrate von 13,5 MHz haben soll. Für die Farbsignale R-Y und B-Y wurden jeweils die halben Werte als Abtastraten festgelegt, also je Farbsignal 360 Abtastwerte pro aktiver Zeile. Die Quantisierungsrate wurde zunächst mit 8 Bit festgelegt, später jedoch auf 10 Bit erhöht. Da nicht alle Quantisierungsstufen für das eigentliche Bild verwendet werden, können somit bei 8 Bit 220 Helligkeitswerte (Graustufen) und bei 10 Bit 877 dargestellt werden. Insgesamt ergibt sich daraus für jedes Vollbild eine Datenmenge von 216 Mbit/s (bei 8 Bit Quantisierungsrate), bzw. 270 Mbit/s (bei 10 Bit Quantisierungsrate).

Kompression
Da diese Datenmenge für eine Speicherung auf Videoband oder Festplatte viel zu groß und meistens auch nicht nötig ist, werden verschiedene Kompressionsverfahren verwendet. Einerseits können redundante Daten (Redundanzen) reduziert werden, davon ausgehend, dass benachbarte Pixel sich oft ähnlich sind, dass aufeinander folgende Bilder häufig ähnliche Inhalte haben und dass nicht alle Graustufen gleich häufig vertreten sind. Ebenso gibt es irrelevante Daten, also Informationen die vom Auge nicht wahrgenommen werden und Bildfehler (Rauschen). Ein Herausrechnen dieser irrelevanten Information kann als Vereinfachung gegenüber dem Original akzeptiert werden. Der prozentuale Anteil von Redundanz und Irrelevanz ist abhängig von der Komplexität des Bildsignals, also der Menge der Bilddetails und der Bewegung, also der Veränderung von Bildinhalten in der Bildabfolge. Ideal wäre also ein Daten-reduktionsverfahren mit einer variablen Kompression: 'Einfache' Bilder erzeugen dabei eine geringe Datenmenge, komplexe Bilder erzeugen eine hohe Datenmenge. Diese variable Kompression wird beispielsweise für die Speicherung auf Disks (DVD) verwendet. Andere Systeme, insbesondere die Bandaufzeichnung, sind jedoch auf eine feste Datenrate angewiesen, mit dem Nachteil, dass bei komplexen Bildinhalten Kompressionsartefakte ('Klötzchen') zu sehen sein können.

Grundsätzliche werden zwei verschiedenen Arten der Kompression unterschieden:

Die verlustfreie Kompression bedeutet, dass sich die Originaldaten 1:1 wieder herstellen lassen. Dies ist für Texte, Tabellen und Programmdateien unerlässlich, für Audio- und Videodateien aber nicht notwendig. Bei letzteren ist die menschliche Wahrnehmung relativ tolerant. Dennoch wird natürlich auch die verlustfreie Kompression für Audio und Video verwendet. Die bekanntesten Verfahren sind dabei:

- Die variable Längencodierung (VLC, auch: Huffmann-Kompression), sie arbeitet mit variabler Bitlänge, häufig verwendete Zeichen oder Werte erhalten kürzere Bitfolgen und
- die RLE-Kompression (auch Lauflängenkodierung genannt, identische aufeinander folgende Werte werden nicht mehr einzeln kodiert, sondern nur einmal und dazu die Anzahl der Wiederholungen).

Die verlustfreien Kompressionsverfahren ermöglichen für Video eine Reduzierung der Datenmenge um etwa 50 %, somit gilt eine Kompression von 2:1 als verlustlos. Das genügt in den meisten Fällen jedoch nicht.

Redundanz ist allerdings nicht immer unerwünscht: Zum Teil ist Redundanz notwendig zur Datensicherung, etwa beim RAID-Verfahren (siehe dort), das gleiche Daten auf mehreren Festplatten speichert, oder auch zur Erhöhung der Zugriffsgeschwindigkeit.

Die verlustbehaftete Kompression ermöglicht wesentlich höhere Kompressionsraten, also Verringerung der Datenmenge. Das funktioniert im Wesentlichen über die Entfernung von irrelevanten Daten, zum Beispiel kann Rauschen ausgefiltert werden oder die selektive menschliche Wahrnehmung wird ausgenutzt, etwa beim 'Verdeckungseffekt', der besagt, dass leise Töne nicht mehr wahrgenommen werden, wenn sie von lauten Tönen überlagert sind. Die Schwierigkeit beim Entfernen irrelevanter Daten ist die Unterscheidung von relevanten Daten. Relevant in einem Bild sind Flächen, Helligkeitsverläufe und Kanten. Große regelmäßige Flächen im Bild werden von niedrigen Frequenzanteilen gebildet, feine Details und die genaue Auflösung von Farbunterschieden bilden hohe Frequenzen mit relativ hohen Amplituden.

Anders stellt sich das Videosignal des Rauschens dar: Es bildet geringfügige Unterschiede von Bildpunkt zu Bildpunkt (60 dB Rauschabstand entspricht 0,1 % Bildamplitude), d.h. Die Frequenz ist hoch, die Amplitude jedoch sehr gering. Wenn man das Videosignal nun auf die unterschiedlichen Strukturen hin bewertet, dann sind offensichtlich einerseits langsame Schwingungen, sowie kurze Schwingungen mit hoher Amplitude wichtig. Kurze Schwingungen mit geringer Amplitude hingegen könnten aus dem Signal 'herausgerechnet' werden. Dazu bietet sich die 'Diskrete Cosinus

Transformation' (DCT) an. Bei der Umrechnung in Cosinus-Werte erhalten langsame Schwingungen hohe Zahlenwerte, große Amplituden führen ebenfalls zu höheren Zahlenwerten, aus dem Rauschen errechnen sich jedoch niedrige Zahlenwerte. In einem zweiten Schritt (Quantisierung) werden die Werte bewertet, d.h., mit Hilfe einer Matrix quantisiert: Die errechneten DCT-Werte werden dabei je nach Bedeutung für die bildliche Darstellung dividiert, 'unwichtige' Werte werden hierbei stärker reduziert, also durch einen höheren Divisor geteilt. Bis hierhin ist die DCT ein reversibler Rechenprozess und noch keine Kompression. Nun werden die errechneten Werte gerundet, dabei werden etliche Werte zu Null. Dieser Rechenprozess ist irreversibel, aber immer noch keine Kompression. Die eigentliche Kompression erfolgt erst jetzt als Lauflängenkodierung, also das Zusammenfassen mehrerer (Null-)Werte zu einem Datenwort.

Konkret wird die DCT-Berechnung jeweils separat an Blöcken aus mehreren benachbarten Pixeln ausgeführt, die Größe beträgt zumeist 8 x 8 Pixel.

Aufteilung eines Bildes in DCT-Blöcke

Es wird nun nicht Pixel für Pixel in einen DCT-Wert überführt, sondern es werden die DCT-Ableitungen für die verschiedenen Frequenzbereiche hergestellt, aus der ortsgebundenen Pixelfolge wird eine ortsungebundene Frequenzfolge. Oben links im Block wird zunächst der DCT-Wert für den durchschnittlichen Grauwert des gesamten Blocks dargestellt, daneben liegen die wichtigen Werte für die tieffrequenten Anteile, nach unten rechts hin werden immer höherfrequentere Anteile berechnet.

Errechnete DCT-Werte

212	36	-2,6	-3,8
0,6	-0,8	1,8	-5,6
0,2	-2,6	0,4	-1,8
2,2	4	0,6	1,4

Matrix mit Divisoren

4	4	5	6
4	5	6	7
5	6	7	8
6	7	8	8

Gerundete Werte

53	9	-1	-1
0	0	0	-1
0	0	0	0
0	1	0	0

DCT-Berechnung (vereinfacht mit 4x4 Werten dargestellt)

Nun ergibt sich ein neues Problem: Die Datenmenge eines auflösungsreichen Bildes mit vielen Details ist sehr groß, die Datenmenge eines Bildes, das wenige Details enthält, dagegen vergleichsweise klein. Die Datenmengen der einzelnen Bilder können also unterschiedlich groß sein. Das ist aber nicht zulässig für Bandaufzeichnungsverfahren, da die Abtastgeschwindigkeit gleich bleiben muss (- im Gegensatz zu MPEG2-Dateien für DVDs). Die DCT-Kompression muss also angepasst werden an die erforderliche Datenrate. Dieses geschieht durch einen Zwischenspeicher (Smoothing Buffer), den die bereits komprimierten Daten durchlaufen. Er sorgt dafür, dass kontinuierlich ein gleichgroßer Datenstrom ausgegeben wird.

Wenn nun der Füllstand dieses Speichers zu hoch wird, d.h., die Detailauflösung des Bildes bringt zu viele Daten hervor, dann gibt es eine Rückmeldung an die Quantisierungsschaltung. Daraufhin wird dort nun eine andere Matrix verwendet, die die Detailauflösung reduziert. Auf diese Weise entstehen bei detailreichen Bildern Artefakte, es bilden sich sichtbare Vereinfachungen des Bildes, Klötzchen in der Abbildung, die in sich keine Struktur mehr aufweisen.

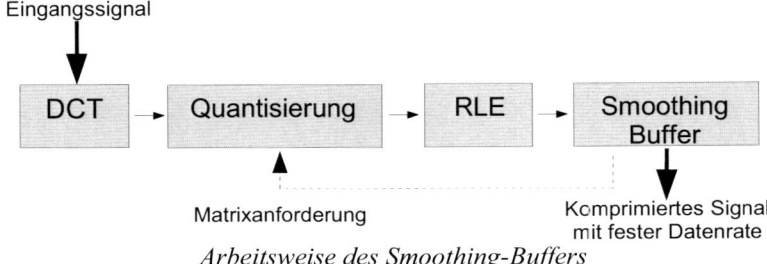

Arbeitsweise des Smoothing-Buffers

Eine weitere Methode zur Kompression von Videosignale ist die 'Differential Puls Code Modulation' (DPCM). Dabei wird davon ausgegangen, dass in einem Videobild benachbarte Punkte häufig gleich sind. Die DPCM beschreibt daher nur die Veränderung der Helligkeitswerte von einem Bildpunkt zum nächsten. Weil diese Art der Kompression bei komplexen Bildern nicht zu einer hinreichenden Datenreduktion führt, werden die Daten auch hier quantisiert (s.o.). Das birgt allerdings die Gefahr, dass sich Quantisierungsfehler im Verlauf des Bildes addieren. Daher wird das quantisierte Bild sofort noch einmal dekodiert unter den Bedingungen, die im Empfänger, bzw. Player existieren, und mit dem Original verglichen, um die möglichen Dekodierungsfehler in die Kodierung mit einrechnen zu können. Besonders wirksam ist die DPCM-Kompression wenn es nicht nur um Einzelbilder (intraframe) geht, sondern um Bildfolgen (interframe). Hier kann davon ausgegangen werden, dass Bildinhalte über mehrere Bilder nacheinander ähnlich sind: Wenn sich Objekte bei feststehender Kamera im Bild bewegen, bleibt der Hintergrund gleich, bei Kameraschwenks und -zooms können immerhin Vorhersagen über die Bildbewegung gemacht werden, indem Bewegungsvektoren ermittelt werden.

Üblich sind bei Video Komprimierungen auf 25 oder 50 Mbit/s. Dabei werden auch die Farbsignale unterschiedlich behandelt: Das Verhältnis 4:2:2 beschreibt dabei ein Kompressionsverfahren auf der Grundlage der oben genannten Abtastraten: 13,5 MHz für die Luminanz- und je 6,75 MHz für die Chrominanzsignale R-Y und B-Y, das entspricht 360 Abtastwerten pro Zeile für jedes Farbsignal. Es gibt aber auch die Verhältnisse 4:1:1 (also nochmals halbierte Farbauflösung = 180 Abtastwerte pro Zeile für jedes Farbsignal) und 4:2:0 (zeilenweise abwechselnde Übertragung der Farbkomponenten, so dass die jeweils fehlende Farbkomponente dann im Empfangsgerät aus der vorhergehenden Zeile übernommen wird). Das Verhältnis 4:4:4 beschreibt ein RGB-Signal.

Fernsehnormen

SDTV (Standard Television)
Mit dem Kürzel SDTV werden alle herkömmlich Fernsehsysteme mit einer vertikalen Zeilenauflösung von nicht mehr als 625 Zeilen bezeichnet. Die wichtigsten davon sind:

- PAL   vorwiegend in Westeuropa, 50 Hz Halbbildfrequenz, 625 Zeilen
- SECAM Frankreich, Russland,   50 Hz,   "   625 Zeilen
- NTSC   USA, Japan, Korea,   59,94 Hz,   "   525 Zeilen

Daneben gibt es noch einige Mischformen: NTSC mit 50 Hz (z.B. in Chile) oder SECAM mit 60 Hz (z.B. in Tahiti). In den meisten Ländern ist die Hertz-Zahl des Videosystems an die Frequenz des Stromnetzes angepasst.

PAL (Phase Alternating Line) ist auf den vorhergehenden Seiten (Kapitel: FBAS) beschrieben. Allerdings gibt es für verschiedene Länder differierende Video- und Übertragungsparameter, die Norm für Deutschland heißt: PAL B/G (siehe unten: CCIR-Standards).

SECAM (SEquentielle Couleur A Mémoire) benutzt für das Y-Signal die gleichen Parameter wie PAL, jedoch werden bei SECAM die Farbkomponenten R-Y und B-Y abwechselnd Zeile für Zeile übertragen. R-Y und B-Y müssen daher jeweils für die Dauer einer Zeile zwischengespeichert und dann zusammengerechnet werden.
PAL und SECAM sind als Schwarz-Weiß-Signal miteinander kompatibel, für das Farbsignal sind jedoch Decoder notwendig, die in VHS-Recorder und Fernseher meistens bereits eingebaut sind. Bei professionellen Recordern, die mit Komponentensignal arbeiten, unterscheidet sich das Signal nicht, aber an den Composite-Ausgänge liegt dann natürlich nur das PAL- oder das SECAM-Signal an.

NTSC (National Television System Committee) hat aufgrund der deutlich geringeren Zeilenzahl (525, davon sichtbar: 486) eine schlechtere vertikale Auflösung als PAL und benötigt daher nur eine Signalbandbreite von 4,2 MHz (PAL = 5 MHz). Dafür ist bei NTSC aber die Bewegungsauflösung mit 60 Halbbildern (exakt: 59,94) besser als bei PAL (50 Halbbilder). Der Farbträger für das Videosignal liegt bei 3,58 MHz. Problematisch ist bei NTSC die terrestrische Übertragung, da der Farbträger nur in einer Phase arbeitet und sich je nach Übertragungsbedingungen leicht verschieben kann. Zum Ausgleich dieser Farbverschiebung gibt es an den NTSC-Empfangsgeräten den Tint-Regler, mit dem wieder eine korrekte Farbphase eingestellt werden kann. (NTSC wird daher gelegentlich scherzhaft als

'Never The Same Colour' bezeichnet. Digitales NTSC, z.B. auf DVDs, arbeitet mit 480 x 720 Pixeln.

NTSC ist nicht mit PAL und Secam kompatibel, das Signal muss vollständig transformiert werden. Die meisten PAL-VHS-Recorder sind inzwischen allerdings in der Lage, ein NTSC-Signal abzuspielen, das von den meisten Fernsehgeräten akzeptiert wird. Nicht möglich ist es jedoch, das Signal von einem PAL-VHS-Recorder zu kopieren, für den aufnehmenden Recorder enthält das Signal keine akzeptablen Synchronsignale. Bei professionellen PAL-Systemen ist es nicht vorgesehen, dass NTSC-Signale abgespielt werden können. Manche Player und Recorder bieten allerdings die Möglichkeit von PAL auf NTSC-Betrieb umzuschalten, eine Konvertierung ist damit aber nicht möglich. DVD-Player können meistens PAL und NTSC abspielen, das Player-Ausgangssignal kann dann auf den benötigten Standard für den Monitor eingestellt werden.

Um NTSC-Signale auf PAL, oder umgekehrt zu kopieren, braucht es in jedem Fall einen Normkonverter, die es als Consumer-Geräte auf FBAS-Basis und als professionelle Geräte auf Komponenten-Basis gibt.

CCIR-Standards

Detailliert festgelegt sind Video- und Übertragungsnormen der verschiedenen Standards für die einzelnen Länder in der CCIR-Norm (Comite Consultativ International des Radiocommunications). Die CCIR-Norm legt die folgenden Parameter für Video und die terrestrische Übertragung fest: Kanalbandbreite, Bild-/Tonträgerabstand, Bandbreite für oberes und unteres Seitenband, Frequenzhub, Bildmodulation und Tonmodulation.

Parameter für Video

CCIR-Standard	B	G	H	D	K	I	L	M	N
Zeilenzahl	625	625	625	625	625	625	625	525	625
Zeilenfrequenz (Hz)	15625	15625	15625	15625	15625	15625	15625	15750	15625
Zeilendauer (µs)	64	64	64	64	64	64	64	63,5	64
Vertikalfrequenz (Hz)	50	50	50	50	50	50	50	60	50
Halbbilddauer (ms)	20	20	20	20	20	20	20	16,677	20
Videobandbreite (MHz)	5	5	5	6	6	5,5	6	4,2	4,2

Frequenzen für die terrestrische Übertragung (Antennenübertragung)

CCIR-Standard	B	G	H	D	K	I	L	M	N
Kanalbandbreite (MHz)	7	8	8	8	8	8	8	6	6
Bild/Tonträger-abstand (MHz)	5,5	5,5	5,5	6,5	6,5	6	6,5	4,5	4,5
Bandbreite oberes Seitenband (MHz)	5	5	5	6	6	5,5	6	4,2	4,2
Bandbreite unteres Restseitenband (MHz)	0,75	0,75	1,25	0,75	1,25	1,25	1,25	0,75	0,7
Bildmodulation	AM negativ	AM negativ	AM negativ	AM negativ	AM negativ	AM negativ	AM positiv	AM negativ	AM negativ
Tonmodulation	FM	FM	FM	FM	FM	FM	AM	FM	FM
Frequenzhub (kHz)	50	50	50	50	50	50	-	75	75

CCIR-Ländergruppen

B/G	Deutschland, Dänemark, Finnland, Italien, Niederland, Norwegen, Österreich, Schweden, Schweiz, u.a.
D	Osteuropa, Russland (VHF), China
H	Belgien
I	Großbritannien
K	Osteuropa, Russland (UHF)
L	Frankreich (UHF)
M	USA, Kanada, Japan
N	Südamerika

16:9 – PALplus

Die Darstellung von Breitwandfilmen (1,66:1, 1,85:1 und 2,35:1) auf einem 4:3-Monitor (entspricht 1,33:1) ist unbefriedigend, da dabei entweder das Bild verkleinert werden muss für das Letterbox-Verfahren mit schwarzen Balken oben und unten, das heißt, für die eigentliche Bildinformation werden nur noch etwa 75 % des Monitors (= 432 aktive Zeilen) genutzt. Oder es werden Teile des Bildes nicht gezeigt: Beim Side-Panel-Verfahren wird das Bild am linken und rechten Rand gleichmäßig abgeschnitten (bei der Filmproduktion wird darauf oftmals mit dem Shoot-and-protect-Verfahren Rücksicht genommen, indem die wichtigen Bildinformationen auf die Bildmitte konzentriert werden), oder bei der Filmabtastung wird das Pan-Scan-Verfahren verwendet, bei dem die Abtastung je nach Bildinhalt horizontal geschwenkt wird. Die Lösung dieses Problems wurde von der Video-Industrie in Form des 16:9-Fernsehers (entspricht einem Format von 1,77:1) auf den Markt gebracht. Dieser Standard hat sich neben dem 4:3-Format weltweit durchgesetzt.

Zusätzlich dazu kam 1995 eine Verbesserung des PAL-Formats auf den Markt: Das PALplus-Verfahren. PALplus ist ein 16:9-Format, das vollständig kompatibel mit dem PAL 4:3-Format ist und gleichzeitig noch eine qualitative Bildverbesserung gegenüber dem normalen PAL-Format bietet.

Damit das PALplus-Format auf einem 4:3-Bildschirm dargestellt werden kann, werden von den 576 aktiven Zeilen zwei Zeilen für eine PALplus-Steuerinformation benötigt. Von den verbleibenden 574 Zeilen werden durch Interpolation 430 Zeilen für die Darstellung auf einem 4:3-Bildschirm errechnet. Die restlichen 144 Zeilen werden je zur Hälfte in dem dunklen Bereich der Letterbox 'versteckt' und nun als 'Helpersignale' bezeichnet. Ein PALplus-Empfänger erkennt mit Hilfe der Steuerinformation eine PALplus-Übertragung, kann die Helpersignale decodieren und daraus wieder eine volle Bildinformation mit 574 Zeilen herstellen. Auf einem 4:3-Bildschirm lässt sich eine PALplus-Sendung daran erkennen, dass die Letterbox-Balken nicht ganz schwarz sind, sondern je nach Bildinhalt schwache blaue Streifen erkennbar sind. Außerdem muss das Senderlogo außerhalb der Letterbox-Balken liegen, da sonst die Helpersignale gestört würden.

Als Aufzeichnung auf einem Videosystem werden 16:9-Aufnahmen horizontal komprimiert, was einem 4:3-Monitor sehr gut erkennbar ist, man sieht dort ein anamorphotisches Signal ohne schwarze Balken, alles wirkt sehr schmal. Das liegt daran, dass es keine besonderen Videosysteme für 16:9 gibt, sondern das in der Darstellung breitere Signal darf nur die gleiche Zeilendauer wie ein 4:3-Signal haben, nämlich 52 µs. Daher muss die gemeinsame Verwendung von 4:3- und 16:9-Material in einer Sendung insofern vorbereitet werden, dass das 4:3-Material durch vertikale

Vergrößerung dem 16:9-Material angepasst wird. Geschieht das nicht, entstehen bei einem 16:9-Bildschirm links und rechts schwarze Balken und schlimmer noch bei einem 4:3-Bildschirm links, rechts, oben und unten Balken.

PALplus beinhaltet zusätzlich eine Verbesserung der Bildqualität: In einem PALplus-Empfänger wird das Bild so decodiert, dass Cross-Colour- und Cross-Luminanz-Störungen wirksam unterdrückt werden, allerdings nur bei Filmabtastungen. Filme haben 25 Vollbilder (Frames), damit haben bei einer Abtastung die jeweiligen Halbbilder zwar unterschiedliche Zeilen, aber keine Bewegungsveränderung innerhalb zweier Halbbilder. Somit sind die aufeinander folgenden Zeilen vom ersten und zweiten Halbbild sehr ähnlich, jedoch mit dem Unterschied, dass die entsprechende Zeile des zweiten Halbbildes einen PAL-bedingten Farbphasenversatz von 180° gegenüber der Vergleichszeile des ersten Halbbildes aufweist.

PALplus-Bilder, die als Komponenten-Signal vorliegen, werden daher mit einem MACP- (Motion Adaptive Colour Plus) Konverter encodiert, der zunächst das Y-Signal durch Hoch- und Tiefpass-Filter in jeweils einen hohen und einen tiefen Frequenzbereich trennt. Der tiefe Frequenzbereich ist für Grundstrukturen des Bildes zuständig und wird nicht weiter bearbeitet. Der hohe Frequenzbereich hingegen, der die Bilddetails ausmacht, ist bei einer PAL-Decodierung nicht sauber vom Farbsignal trennbar. Nun wird aus dem hochfrequenten Signal einer Zeile des ersten Halbbildes und der korrespondierenden Zeile des zweiten Halbbildes ein Mittelwert gebildet, der dann für die Übertragung beider Zeilen verwendet wird. Das gleiche geschieht mit dem Farbsignal. Anschließend werden die Signale wieder zusammenaddiert. Somit sind die ausgegebenen Zeilen des ersten Halbbildes mit den entsprechenden des zweiten Halbbildes identisch, mit Ausnahme der tieffrequenten Y-Anteile und des Farbphasenversatzes. Nun kann im Empfänger durch einfache Addition und Subtraktion der betreffenden zwei Zeilen jeweils einzeln das Helligkeits- und Farbsignal herausgerechnet werden:

$(Y + C) + (Y - C) = 2\,Y$ beziehungsweise $(Y + C) - (Y + C) = 2\,C$

Die in den Halbbildern unterschiedlichen tieffrequenten Restanteile des Y-Signals können keine Cross-Colour- und Cross-Luminanz-Störungen mehr hervorrufen, somit liegen das Y-Signal und das C-Signal hinreichend getrennt vor. (Ein Y/C-Signal ist ohnehin ein notwendiger Zwischenschritt zur FBAS-Dekodierung in einem Monitor.) Dieses sogenannte 'Fixed-Colour-Plus'-Verfahren ist auch für 4:3-Signale verwendbar und kompatibel für normale PAL-Empfänger.

Für Videoaufnahmen ist das Fixed-Colour-Plus-Verfahren leider nur bedingt verwendbar, da sich der Inhalt des zweiten Halbbildes gegenüber dem ersten fast immer ändert. Um dennoch eine möglichst gute Signalverarbeitung zu erreichen, wird für die PALplus-Encodierung von Videoaufnahmen ein Bewegungssensor (Motion Adapter) zugeschaltet, der dafür sorgt, dass unveränderte Zeilen im PALplus-Verfahren und farbige, bewegte Zeilen im einfachen PAL-Modus encodiert werden. Somit hat der MACP-Encoder zwei Arbeitsweisen: Die Filmbearbeitung findet stets im 'Fixed-Colour-Plus'-Verfahren (kurz: Filmmode) statt und die Videobearbeitung im 'Motion Adaptive Colour Plus'-Verfahren (kurz: Kameramode). Der Decoder im Empfänger kann unabhängig davon eine eigene Schaltung mit Bewegungssensor enthalten, die zwischen PALplus- und einfacher PAL-Decodierung entscheidet.

Die Steuer- und Referenzsignale für die PALplus-Übertragung befinden sich in den Zeilen 23 und 623. In der Zeile 23 ist das Signal für die Breitbild-Erkennung (WSS = Wide Screen Signalling), sowie ein Referenzwert für Schwarz und den Pegel der Helpersignale, in der Zeile 623 befindet sich ein Referenzsignal für den Weiß- und Schwarzwert.

100 Hertz-Technologie

Die 100-Hertz-Technologie ist keine eigene Sendenorm, sondern bedeutet nur, dass in einem entsprechend ausgestatteten Monitor jedes Halbbild zweimal gezeigt wird, somit also 100 Bildwechsel pro Sekunde stattfinden. Der Vorteil dabei ist, dass das Bild bei unbewegten Bildinhalten wesentlich ruhiger wirkt, weil das "Großflächenflimmern' von 50 Hz Monitoren vermieden wird. Dieses unbewusst wahrgenommene Flimmern ist auf die Dauer für den Zuschauer sehr anstrengend und ermüdend. (Das ist auch ein Grund, warum Computer-Monitore mit höheren Frequenzen arbeiten.) Der Nachteil an der 100 Hz-Technik für die Fernsehdarstellung ist, dass sich die Bewegungsauflösung als problematisch erweist, daher gibt es unterschiedliche 100 Hz-Verfahren: Die ersten 100 Hz-Fernseher hatten einen Zwischenspeicher für ein Halbbild, so dass die Halbbilder in der Abfolge 1,1,2,2 ausgegeben wurden. Bei diesem Verfahren flimmern jedoch waagerechte Zeilen und bei horizontalen Bildbewegungen kommt es zu leichten Doppelkonturen. Die nächste Geräte-Generation arbeitete mit einem Vollbildspeicher, der nun mit der Halbbildfolge 1,2,1,2 arbeitete. Das Zeilenflimmern verschwand, leider verstärkten sich die Doppelkonturen bei schnell bewegten Bildinhalten. Daraufhin gab es 100 Hz-Fernseher, die Zwischenbilder errechneten, die immerhin nur noch eine unnatürliche Bewegungsauflösung boten und daher auch die Möglichkeit für den Nutzer, auf die Halbbildfolge 1,1,2,2 umzuschalten.

Neuere 100 Hz-Fernseher arbeiten mit einer Bewegungserkennung, die bei Kantenflimmern automatisch auf die Halbbildfolge 1,2,1,2 umschalten und bei schnellen Bewegungen auf 1,1,2,2.

Eine weitere Möglichkeit von 100 Hz-Fernsehern ist, 50 Vollbilder zu zeigen, die sehr ruhig und detailreich wirken, damit entsteht allerdings wieder das 50-Hz-Großflächenflimmern.

Highspeed Aufzeichnung

Um eine echte Zeitlupe erzeugen zu können, muss eine Kamera mehr als 25 Vollbilder pro Sekunde erzeugen. Insbesondere für die Sportübertragung gibt es inzwischen Kameras (z.B. Philips LDK 23HS), die bis zu 75 Bilder pro Sekunde (PAL) herstellen können. Da es jedoch keine Bandaufzeichnungsgeräte dafür gibt, müssen diese Signale auf Festplatten oder RAM-Systeme aufgezeichnet werden. Von diesen Medien können dann unverzüglich Zeitlupen wiedergegeben werden.

HDTV

Das hochauflösende Fernsehen (High Definition Television = HDTV) war in Europa und den USA zunächst eine Weiterentwicklung der jeweils bereits vorhandenen Systeme. Somit war PAL-HDTV mit 1250 Zeilen im 16:9-Format und NTSC-HDTV mit 1050 Zeilen im 16:9-Format definiert.
Weltweit durchgesetzt hat sich aber ein anderes HDTV-Format aus Japan. Dort wurde Hi-Vision, ein auf NTSC basierender Standard mit 1125 Zeilen (davon sind 1080 sichtbar), zunächst im 5:3 Bildformat entwickelt. Das Bildformat wurde später auf 16:9 verändert. Anfänglich war die Übertragung problematisch, das Hi-Vision System hat eine Signalbandbreite von 32,5 MHz und musste daher für die Übertragung komprimiert werden. Dafür wurde das MUSE-Verfahren (Multiple Sub-Nyquist Sample Encoding) verwendet, mit dem das Signal auf 8 MHz komprimiert werden konnte, womit eine analoge Satelliten-Übertragung möglich ist. (Terrestrische Antennen-Übertragungen sind auf etwa 6 MHz begrenzt.) Durch die Kompression verlor das Bildsignal jedoch an Bildschärfe, besonders stark bei schnell bewegten Bildern. Daher wurde den japanischen HDTV-Sendern eine gewisse Behäbigkeit nachgesagt. Neuere digitale Kompressions- und Übertragungsverfahren haben dieses Problem gelöst.
Inzwischen gibt es ein international einheitliches Format, das auf Hi-Vision basiert: HD-CIF (Common Image Format), das die Darstellung verschiedener Bildraten von 24 bis 60 Hz sowohl im interlaced- (1080i) mit 1920 x 1080 Bildpunkten , wie auch im progressive- (720p) mit 720 x 1280 Bildpunkten und progressive sF- (segmented Frame, siehe unten) Format erlaubt.
Monitore, die eine volle Auflösung von 1920 x 1080 Bildpunkten aufweisen, werden mit dem Logo "True HD" (auch: "Full HD") verkauft. Sofern HD-Monitore mindestens 1280 x 720 Bildpunkte aufweisen werden sie als "HD Ready" bezeichnet. Der "HD Ready"-Standard behinhaltet auch zwei digitale Schnittstellen (DVI und HDMI), die insbesondere für den

Einsatz mit einem digitalen Kopierschutz (HDCP = High Bandwith Digital Content Protection) gedacht sind.

Unabhängig davon, dass sich die Standards für die Monitore vereinheitlichen, gibt es derzeit verschiedene HD-Formate für die Aufzeichnung. Möglich sind hierbei Auflösungen von 720p, 1080i oder 1080p, die zudem mit unterschiedlichen Bildraten pro Sekunde arbeiten können.

Für die Aufzeichnung im Consumer-Bereich hat sich das HDV-Format etabliert. Es arbeitet beim Bildformat 1080i mit einer Datenrate von 25 MBit/s (- das entspricht der Datenrate des DV-Standards) auf MPEG2 Basis mit Interframe-Codierung und weist somit eine hohe Datenkompression von 18:1 auf. Für das Bildformat 720p beträgt die Datenrate 19 MBit/s. Die Aufzeichnung kann auf Mini-DV-Bändern erfolgen.

Panasonic hat einen Nachfolger für HDV auf den Markt gebracht: AVCHD (Advanced Video Codec High Definition) - es handelt sich dabei um ein Format, das auf einem MPEG4-Codec basiert. Das Kompressionsverfahrens wird als H.264/AVC bezeichnet (- auch: MPEG4/H.264 oder MPEG4 Part 10). Der Codec arbeitet Intra- und Interframe-codiert mit variablen Datenraten. Grundlage ist auch hier das DCT-Kompressionsverfahren, bewegungsabhängig können hier jedoch auch verkleinerte Pixelblöcke erfasst werden (4 x 4), die eine genauere Bewegungserfassung ermöglichen. Zusätzlich analysiert ein Schleifenfilter (In-Loop-Filter, auch: De-Blocking-Filter) das Material auf die Bildung von Artefakten und reduziert diese weitgehend ohne Schärfeverlust durch die Veränderung der Matrix. Eine höhere Kompression wird unter anderem mit einer verbesserten Längencodierung (VLC) erreicht. Verglichen mit MPEG2 arbeitet dieser Codec 60% effizienter, gegenüber MPEG4 um 40%. Die Aufzeichnung findet auf auf DVD oder SD-Karte statt. Damit kann gegenüber dem MPEG-2 basierenden HDV der Workflow in der Nachbearbeitung erheblich gesteigert werden. Zur Zeit ist AVCHD für die Formate 720p und 1080i spezifiziert, eine Erweiterung auf 1080p ist in Zukunft nicht ausgeschlossen. Der AVCHD-Codec kann mit einer Datenrate von 24 Mbps arbeiten, derzeit werden davon jedoch nur bis zu 15 Mbps genutzt.

Im professionellen Bereich wird vorwiegend mit den Standards DVCPro 50, HD-Cam und HD-Cam SR gearbeitet. Die Systeme weisen Kompressionen zwischen 4:1 und 6,7:1 auf , die Aufzeichnung kann auf Band oder Festplatte erfolgen (siehe: Aufzeichnungsstandards).

Natürlich ist auch schon ein Nachfolgesystem für HDTV in der Entwicklung: Super Hi-Vision, das auch als UHDTV (Ultra High Definition Television) bezeichnet wird. Es soll mit einer Auflösung von 7680 x 4320 Bildpunkten arbeiten, ist also höher auflösend als die 4k-Auflösung (4098 x 2048 Pixel), die derzeit für digitales Kino verwendet wird.

P-Formate: **24p, 25p**

Die 'p'-Formate zeichnen die Bilder im 'Progressive Scan'-Modus auf, das heißt, es werden Vollbilder erstellt. (Im Gegensatz zum Interlaced-Modus, bei dem zwei zeitlich versetzte Halbbilder aus alternierenden Zeilen erstellt werden.) Die Vollbilder haben den Vorteil, dass sie der Filmästhetik nahe kommen, die Auflösung wirkt höher und Videos im p-Modus können besser auf Film übertragen werden. Der Nachteil von Kameras im p-Format ist, dass sie weniger lichtempfindlich sind. Bei Kameras (mit IT- und FIT-CCDs), die im Interlaced-Mode arbeiten werden für jede Zeile eines Halbbildes zwei Zeilen zusammengerechnet: Die erste Zeile des ersten Halbbildes wird aus den CCD-Zeilen 1 und 2 zusammengerechnet, die erste Zeile des zweiten Halbbildes aus den CCD-Zeilen 2 und 3, usw. Damit verdoppelt sich die nutzbare Lichtmenge pro Halbbildzeile. Im Progressive-Scan-Modus muss dagegen jede CCD-Zeile für eine separate Bildzeile genutzt werden. Obwohl nur 25 Vollbilder pro Sekunde erzeugt werden, steht für jedes einzelne Vollbild nur 1/50 Sekunde zur Verfügung, weil dennoch zwei Halbbilder gebildet werden müssen (progressive sF = segmented Frame) um mit Video-Aufzeichnungssystemen und -monitoren kompatibel zu sein. Die Halbbilder mit zeilenweiser Verkämmung werden dazu aus dem Vollbild herausgerechnet, weisen also keinen Zeitversatz auf.

Der Standard '24p HD' (24 Frame Progressives HD-Digital Mastering) arbeitet auf der Basis des HD-CIF mit 1920 x 1080 Pixeln und kann die Formate 24p, 25p, 30p, HD 50i und HD 60i verarbeiten. Die Wiedergabe kann dabei in einem anderen Standard als die Aufnahme erfolgen, damit ist das System weltweit einsetzbar.

Digitales Kino

Im Kino werden höherauflösende Formate als HDTV verwendet. Eine Projektion digitaler Medien ist für die Filmverleih- und Kinoindustrie interessant, da die Kosten für Kopien und Transport deutlich sinken würden, in den Kinos ließe sich zudem Personal einsparen. Folgerichtig gibt es erste Pilotprojekte mit digitalen Kinofilmen, in Europa z.B. das Projekt "European DocuZone".

Zur Zeit geht es bei beim digitalen Kino aber weniger um die Filmprojektion, die nach wie vor weitgehend mit 35mm-Kopien erfolgt, als vielmehr um die digitale Bearbeitung von Filmmaterial. Dazu ist zunächst wichtig, zu wissen, mit welcher Auflösung Filmmaterial eigentlich arbeitet. Eine ganz genaue Auflösung läßt sich hierfür nicht angeben, da die einzelnen Bildpunkte durch Moleküle in einer Emulsion gebildet werden. Diese Moleküle, das Filmkorn, hat in der Emulsion eine statistische Verteilung, es ist also nur eine gewisse Anzahl von Filmkörnern pro Fläche gegeben, aber nicht deren genaue Position. Noch etwas "unschärfer" wird die Situation beim Farbfilm: Erst das Zusammenwirken der drei Grundfarben, die aus unterschiedlichen Filmkörnern gebildet werden, erzeugt die Farbe. Insofern kann hier nicht mehr von einem einzelnen Filmkorn gesprochen werden, sondern nur von einer Farbstoffwolke. Die Größe einer solchen Farbstoffwolke hängt dabei wesentlich von der Filmempfindlichkeit ab: Bei 500 ASA beträgt sie 8μm, bei 200 ASA 5μm und bei 100 ASA 3μm. Für 100 ASA ergäbe sich somit eine Auflösung von mehr als 8000 Bildpunkten in der Waagerechten. Diese Auflösung (die als "8k" bezeichnet wird), ist jedoch in der Praxis zu hoch dimensioniert, realisiert werden kann aufgrund von Verlusten (z.B. durch das Objektiv) eine Auflösung von etwa 4k (4096 x 3072 Pixel für 35mm Full Screen). Durch Kopierprozesse (Negativ, Nullkopie, Vorführkopie) geht weitere Auflösung verloren, übrig bleiben etwa 2k (2048 x 1536 Pixel für 35mm Full Screen). Daher war bisher allgemein eine digitale Bearbeitung von Filmmaterial in einer Auflösung von 2k üblich, Rechner und Festplatten ermöglichen inzwischen aber auch die Bearbeitung von Material mit 4k.

Mit 2k oder 4k ist grundsätzlich die Pixel-Auflösung in der Horizontalen gemeint, in der Vertikalen können sich daraus je nach Bildformat verschiedene Werte ergeben:

Filmformat	2k Auflösung	4k Auflösung
35 mm Full Screen	2048 x 1536	4096 x 3072
35 mm Academy (1:1,37)	2048 x 1494	4096 x 2988
Standard 1:1,66	2048 x 1232	4096 x 2464
Standard 1:1,85	2048 x 1106	4096 x 2212
Cinemascope 1:2,35*	2048 x 1736	4096 x 3472

Das Seitenverhältnis von Cinemascope erscheint bei den genannten Pixelverhältnissen fast quadratisch. Erst bei der Kinoprojektion wird das Bild dann durch Verwendung einer anamorphotischen Vorsatzlinse auf das Seitenverhältnis von 1:2,35 verbreitert.

Auch im Videobereich sind inzwischen Kameramodelle mit einer Auflösung von 2k und 4k auf dem Markt. Sie können bei 10 bit eine Farbauflösung von 4:4:4 bieten, sowie Bildraten von bis zu 60 fps (Bilder pro Sekunde). Die Aufzeichnung der digitalen Signale erfolgt auf Festplatten.

Betrachtungsabstand

Von der Fernsehnorm, bzw. dem Medium hängt wesentlich der optimale Betrachtungsabstand ab. Das Kriterium dafür ist das Auflösungsvermögen des menschlichen Auges: Die Entfernung vom Fernseher muss so groß sein, dass die einzelnen horizontalen Zeilen nicht mehr erkennbar sind. Das Auge kann bei einer Entfernung von 1 m zwei Punkte, die 0,3 mm auseinanderliegen, nicht mehr unterscheiden, das entspricht einem Sehwinkel von etwa 1 Winkelminute. Gleichzeitig beträgt der günstigste vertikale Sehwinkel, also die Bildhöhe, die optimal scharf wahrgenommen wird, 12° bis 15°, für die Bildbreite sind es 16° bis 22°. Dieser Bereich wird auch 'Deutliches Sehfeld' genannt. Weiterhin ist für den optimalen Betrachtungsabstand die Angabe der Höhe des Bildschirms notwendig, denn die bestimmt bei einer festgelegten Zeilenzahl den Abstand der einzelnen Zeilen voneinander. Für das PAL-Fernsehsystem wird eine Entfernung von 6 H als optimal angenommen. (Es gibt auch Untersuchungen, die das Auflösungsvermögen des menschlichen Auges geringer einschätzen, dort wird von einem idealen Abstand von 4 H ausgegangen.) Bei einem weiter entfernten Abstand nimmt der Fernseher einen zu kleinen Teil des Sichtfeldes ein, die Aufmerksamkeit leidet und es wird auch zu schwierig, Details, etwa kleine Schrift, zu erkennen.

Besser ist die Situation bei HDTV, die doppelte Zeilenzahl ermöglicht den halben Betrachtungsabstand: 3 H. Außerdem kommt hier das 16/9-Format den menschlichen Sehgewohnheiten näher.

Zum Vergleich: Im Kino beträgt der optimale Betrachtungsabstand 2 bis 3 H. Näher als 2 H ist insofern ungünstig, weil dann das Leindwandformat größer wird als das menschliche Sichtfeld. Die Filmauflösung ist da noch nicht an ihre Grenzen gelangt, unter anderem deswegen, weil es kein festgelegtes Raster wie beim Fernsehen gibt, sondern eine stetig wechselnde Verteilung des Filmkorns.

Monitore

Bildröhren, die auch als Kathodenstrahl-Monitore oder englisch CRT (= Cathode Ray Tube) bezeichnet werden, sind die herkömmliche Technik für die Bilddarstellung. Die Röhre ist ein luftleerer Glaskörper, in dem eine Glüh-Kathode bei einer Hochspannung von etwa 15.000 – 25.000 Volt einen Elektronenstrahl erzeugt, der in die Richtung der Anode fließt. Dieser Strahl passiert zunächst eine Elektrode, den "Wehnelt-Zylinder", der die Intensität des Strahls beeinflusst, also die Helligkeit auf der Mattscheibe regelt. Der Strahl fließt weiter zur Anode, dort gibt es eine Öffnung, durch die der Strahl hindurchgeht und aufgrund seiner Trägheit weiter geradeaus fließt. Nun passiert der Strahl die Ablenkspulen, die im Takt des Videosignals magnetisch die horizontale und die vertikale Ablenkung des Strahls steuern, ihn also dazu bringen, die Videoinformation als Zeilen auf die Mattscheibe zu schreiben. Das Auftreffen des Elektronenstrahls auf eine fluoreszierende Phosphorschicht sorgt schließlich für die Entstehung eines Leuchtpunktes auf der Mattscheibe. Dieser Punkt leuchtet auch nach der Anregung durch den Elektronenstrahl eine gewisse Zeit nach, so dass das menschliche Auge den Eindruck eines vollständigen Bildes aus allen Leuchtpunkten der Mattscheibe erhält. Eine dünne Graphitschicht auf der Innenseite der Mattscheibe schließt als Anode schließlich den Stromkreis und sorgt für das Abfließen der Elektronen aus dem Strahl.

Etwas komplexer ist die Bilddarstellung bei Farbmonitoren: Die Farbbild-Röhre enthält drei Kathoden, je eine für die rote, blaue und die grüne Farbinformation, in einer dreieckigen Anordnung. Auch die drei hiermit erzeugten Elektronenstrahlen durchlaufen den Wehnelt-Zylinder und passieren die Ablenkspulen. Aber: Ein Elektronenstrahl kann keine Farbe transportieren, sondern nur die Helligkeitsinformation für jede Grundfarbe. Der Elektronenstrahl muss nun also genau und ausschließlich auf einen Phosphorpunkt treffen, der diese Farbe herstellt. Phosphor kann durch die Verbindung mit verschiedenen Elementen in verschiedenen Farben leuchten: Phosphor mit Zinksulfid leuchtet blau, mit Zinksilikat grün und durch die Verbindung mit "seltenen Erden", wie Europium, rot. Die Innenseite der Mattscheibe wird daher mit einer exakten Anordnung von sogenannten Tripeln beschichtet, je ein Phosphorpunkt für rot, grün und blau, in einer dreieckigen Anordnung, die eine so geringe Größe hat, dass sie dem Auge als ein Farbpunkt mit gemischter additiver Farbe erscheint. Nun muss noch verhindert werden, dass ein Elektronenstrahl den 'falschen' Phosphorpunkt trifft. Dazu wird eine Lochmaske (auch als Schattenmaske bezeichnet) aus dünnem Blech etwa 15 mm vor der Mattscheibe angebracht. Da jeder Elektronenstrahl von den drei Kathoden aus einer anderen Richtung kommt, kann er durch die Lochmaske nur 'seinen' Phosphorpunkt im jeweiligen

Tripel treffen. Die Abbildungsgenauigkeit (im Sinne von Bildauflösung) eines Monitors hängt damit wesentlich von der Anzahl der Löcher in der Lochmaske ab, dass heißt vom Abstand der Löcher in der Maske. Standard sind heute Abstände (von Lochmitte zu Lochmitte) von 0,21 mm bis 0,32 mm. Je geringer der Lochabstand ist, desto mehr Linien kann der Monitor auflösen. Das Bauprinzip mit Lochmaske und der Tripel-Anordnung für die Phosphorpunkte wird auch als "Invar"- oder "Delta"-Bildröhre bezeichnet.

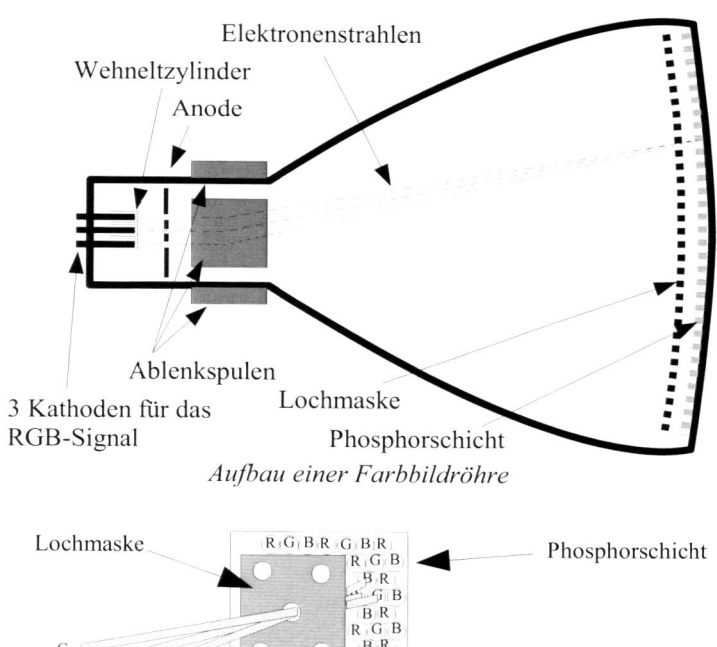

Aufbau einer Farbbildröhre

Strahlengang durch die Lochmaske

Ein neueres Bauprinzip, das eine höhere Bildauflösung ermöglicht, heißt "Trinitron"-Röhre. Hierbei sind die Glüh-Kathoden waagerecht nebeneinander angeordnet, die Lochmaske wird ersetzt durch feine vertikale Drähte, ebenso sind die Phosphorverbindungen nun als vertikale Streifen angeordnet. Damit die vertikalen Drähte Stabilität erhalten, werden sie durch zwei horizontale Drähte im sichtbaren Bildbereich fixiert (- diese sind bei sehr hellen Bildflächen erkennbar).
Ein weiteres Bauprinzip ist die "In-Line-Röhre", die ebenfalls eine waagerechte Anordnung der Glüh-Kathoden aufweist, jedoch eine

Schlitzmaske mit vertikalen Rechtecken verwendet.

Zur Erhöhung des Kontrasts werden bei einigen Monitormodellen die Schattenmasken geschwärzt, so dass weniger Reflektionen in der Bildröhre entstehen. Zwischen den Phosphorfarbstreifen (Inline- und Trinitron-Monitore) können Kohlefaserstreifen angebracht sein, die ein Überstrahlen eines Farbpunktes auf daneben liegende verhindert. Zudem werden gelegentlich geschwärzte Frontscheiben verwendet. Diese Bauweisen werden als "Black Matrix" bezeichnet. Das Kontrastverhältnis liegt bei 500:1.

Ein Problem von Farbbildröhren ist die Magnetisierung durch äußere Einflüsse: Der Erdmagnetismus und stärker noch Geräte mit magnetischer Ausstrahlung in der Nähe der Bildröhre (z.B. Lautsprecher oder Netzteile) können magnetische Felder auf der Schattenmaske erzeugen. Das führt zu einer ungewollten Ablenkung der Elektronenstrahlen, die partielle Farbverfälschungen im Bild hervorrufen. Diese ungewollte Magnetisierung kann durch die Degauss-Funktion wieder entfernt werden: Ein kurzzeitiger starker Impuls mit einem alternierenden Magnetfeld löscht die Magnetisierung der Schattenmaske (- auf gleiche Weise können Tonköpfe entmagnetisiert werden). Die Degauss-Funktion kann bei Röhrenmonitoren entweder automatisch beim Einschalten ausgelöst werden, oder mit einem separaten Schalter. Die Degauss-Funktion sollte nicht mehrfach kurz nacheinander ausgeführt werden, da dabei die Degauss-Schaltung überlastet werden könnte. Zudem sollten sich bei dem Vorgang keine Speichermedien, die auf Magnetbasis arbeiten (z.B. Videobänder), in unmittelbarer Nähe befinden, diese könnten durch das starke Magnetfeld gelöscht werden.

LCD-Monitore (Liquid Crystal Display) bestehen im wesentlichen aus zwei Glasscheiben mit einem Abstand von 5 – 10 µm, zwischen denen Flüssigkristalle gelagert sind. Wird an diese Kristalle eine elektrische Spannung angelegt, dann ändern sie ihre Ausrichtung, sie werden durch ein elektrisches Feld formiert in einen Zustand, der den Reflektionswert der Kristalle ändert (Anzeige-Display), oder Licht durch die LCD-Schicht passieren läßt (Monitore). Das für Monitore notwendige Licht wird als Hintergrundbeleuchtung durch eine Leuchtstofflampe hergestellt. Notwendig für die Darstellung ist zudem die Polarisation des Lichts, die durch Filterschichten an den Glasplatten hergestellt wird. Die Polarisation des Lichts führt leider dazu, dass nur ein bestimmter Betrachtungswinkel auf den Monitor ein gutes kontrastreiches Bild liefert. Die Farbdarstellung geschieht auch bei LCDs durch Tripel, das heißt, ein Bildpunkt setzt sich aus je einem roten, grünen und blauen Pixel zusammen. Die Farbe wird dabei auf den ansonsten identischen Pixeln durch optische Filter gebildet. Für die Ansteuerung der Pixel gibt es zwei Möglichkeiten: Einfache

Displays (Passive Matrix) legen eine Spannung an den Seitenrändern an, also jeweils an einer Zeile und einer Spalte. Damit werden die Pixel im Kreuzungspunkt von Zeile und Spalte aktiviert. Dieses Verfahren, auch DSTN (Double Super Twisted Nematic) genannt, bietet leider nur einen mässigen Kontrast und zeigt Nachzieheffekte bei bewegten Bildern.

Besser funktioniert die Ansteuerung der Pixel bei einer "Aktiven Matrix", die durch die TFT-Technik (Thin Film Transistor) realisiert wird. Hier ist für jedes Pixel ein eigener Schalttransistor vorhanden, das heißt, alle Transistoren eines Bildschirms sind auf auf einer dünnen Folie angebracht, die sich zwischen den beiden Glasscheiben befindet. Das bedeutet, dass beispielsweise für einen 15"-Monitor mit einer Auflösung von 1024 x 768 Pixeln (= Tripeln mit je drei Schaltungen) 2,3 Millionen Schaltungen auf kleinster Fläche realisiert werden müssen. Diese miniaturisierte Bauweise bedeutet leider auch, dass eine gewisse Fehlerrate, also ausgefallene Pixel, nicht zu vermeiden sind. Das Kontrastverhältnis liegt bei 600:1.

Der Vorteil von LCD-Monitoren gegenüber Röhrengeräten sind, neben der geringeren Baugröße, die Umempfindlichkeit gegen magnetische Störungen und der geringere Stromverbrauch. Nachteilig ist allerdings bei Kälte (z.B. beim Einsatz als Kamerasucher) ein deutlich geringerer Kontrastumfang, sowie auftretende Nachzieheffekte.

Plasma-Monitore sind die neueste Entwicklung. Die Bildpunkten werden aus Zellen gebildet, die ein Gasgemisch enthalten. Durch das Anlegen einer elektrischen Spannung kann das Gasgemisch gezündet und in einen Plasmazustand gebracht werden. Das Plasma strahlt UV-Licht ab, das auf eine Phosphorbeschichtung trifft, die wiederum farbig leuchtet (s.o.). Durch einen Filter wird schließlich das verbliebene UV-Licht ausgefiltert, da es für Menschen schädlich ist. Die Helligkeitssteuerung geschieht durch die Dauer des Plasmazustands, d.h., die Zellen werden in einem sehr schnellen Takt, mehrere hunderttausend mal pro Sekunde aktiviert, bzw. deaktiviert.

Da bei einem ausgeschalteten Plasmabildpunkt kein Restlicht vorhanden ist, kann ein Plasmabildschirm tatsächlich ein Schwarz darstellen. Zudem ist die Leuchtkraft höher als bei LCD-Monitoren. Das Kontrastverhältnis ist somit gegenüber Röhren- oder LCD-Monitoren deutlich höher, es liegt bei 600-1000:1. Auch der Betrachtungswinkel ist verglichen mit dem LCD-Monitor nicht so eingeschränkt. Dafür entwickelt ein Plasmabildschirm mehr Wärme und hat einen höheren Stromverbrauch.

Bildauflösung

Während bei Videomonitoren die Auflösung (bei festgelegter Zeilenzahl) in Linien angegeben wird, verwendet man bei Computermonitoren und Datenprojektion (mit Beamern) Kürzel, die jeweils das Format und die Anzahl von Bildpunkten bezeichnen.

4:3 Displays (Normalformat)

Bezeichnung	Bedeutung	max. Auflösung
CGA	Color Graphics Adaptor	320 x 200
EGA	Enhanced Graphics Adaptor	640 x 350
VGA	Video Graphics Array (Grapic Modus)	640 x 480
VGA	Video Graphics Array (Text Modus)	720 x 400
SVGA	Super Video Graphics Array	800 x 600
XGA	Extended Graphics Array	1024 x 768
SXGA	Super Extended Graphics Array	1280 x 1024
SXGA+	Super Extended Graphics Array	1400 x 1050
UXGA	Ultra Extended Graphics Array	1600 x 1200
QXGA	Quad Extended Graphics Array	2048 x 1536
QSXGA	Quad Super Extended Graphics Array	2560 x 2048
QUXGA	Quad Ultra Extended Graphics Array	3200 x 2400

16:9 Displays (Breitbildschirme)

Bezeichnung	Bedeutung	max. Auflösung
WXGA	Wide Extended Graphics Array	1366 x 768
WSXGA	Wide Super Extended Graphics Array	1600 x 1024
WSXGA+	Wide Super Extended Graphics Array	1680 x 1050
WUXGA	Wide Ultra Extended Graphics Array	1920 x 1200
WQSXGA	Wide Quad Super Extended Graphics Array	3200 x 2048
WQUXGA	Wide Quad Ultra Extended Graphics Array	3840 x 2400

Die Farbauflösung (Farbtiefe) für Computermonitore wird in bit, bzw. Byte angegeben, jeder einzelne Bildpunkt kann mit einer bestimmten Auflösung definiert werden,: Ein bit ermöglicht nur eine reine Schwarzweiß-Darstellung ohne Graustufen, mit 1 Byte (= 8 bit) können 256 Farben, bzw. Graustufen dargestellt werden, 2 Byte (= 16 bit) ermöglichen 65536 Farben (= High Color) und 3 Byte (= 24 bit) ermöglichen 16777216 Farben (= True Color).

Videoprojektion

Ein Farbbild auf der Leinwand wird nach dem Prinzip der additiven Farbmischung aus den drei Grundfarben Rot, Grün und Blau hergestellt. Diese Grundfarben sind die notwendigen spektralen Anteile des weißen Lichts, durch das Projizieren dieser Grundfarben in unterschiedlichen Anteilen auf eine Fläche lassen sich Farbtönungen und -sättigungen herstellen. Alle Videobeams arbeiten mit dieser additiven Lichtmischung, aber es gibt unterschiedliche Verfahren:

Röhrenbeams sind die älteste Technik auf dem Markt, inzwischen werden sie kaum noch verwendet. Je eine Bildröhre für Rot, Grün und Blau stellen einen Lichtstrahl her, der eine nachleuchtende Farbschicht aus Phosphor durchquert. Die Strahlen mischen sich erst auf der Leinwand zu einer Bildinformation. Dazu benötigt es einen präzisen Abgleich für die Konvergenz der drei Röhren, sowohl mechanisch (Ausrichtung und Schärfe) wie auch elektronisch (pro Röhre etwa 20 Parameter: horizontales und vertikales zentrieren, Bildbreite und -höhe, Kissenverzeichnungen, Randverzeichnungen). Zum Aufbau des Beams musste man also mindestens eine halbe Stunde für das Einjustieren einrechnen. Zudem waren die Geräte sehr groß, sehr schwer (15-80 kg) und nicht sehr lichtstark (200-700 ANSI-Lumen). Vorteilhaft ist, dass Röhrenbeams kein Kühlgebläse benötigen und daher fast geräuschlos arbeiten.

LCD-Beams benötigen zwar ein Kühlgebläse, aber die Vorteile überwiegen: Sie sind wesentlich lichtstärker, kleiner, leichter und einfach zu installieren. Bei LCD-Beams wird der Lichtstrahl eines Brenners durch Prismen oder halbdurchlässige Spiegel aufgeteilt und durchquert parallel 3 LCD-Panels (für jede Grundfarbe eins). Jedes dieser Panels enthält eine große Anzahl einzelner LCD-Schaltungen = Pixel (100.000 oder mehr), die das Licht je nach Schaltungszustand durchlassen, teilweise durchlassen oder sperren. Die drei Lichtstrahlen werden im Gerät wieder zu einem Strahl vereint und durch ein Objektiv auf die Leinwand projiziert.

DLP-Beams (Digital Light Processing, auch DMD = Digital Micromirror Device) sind eine neuere Technik, die ähnlich wie LCD-Beams funktionieren: Das Licht eines Brenners strahlt durch ein Farbrad, das ist eine Filterscheibe, die je einen Filter für Rot, Grün und Blau enthält und mit 3600 Umdrehungen pro Minute rotiert. Das nun wechselnd-farbige Licht fällt auf eine Fläche, die sich aus vielen kleinen beweglichen Spiegeln zusammensetzt. Die Spiegel werden einzeln elektro-magnetisch bewegt (synchron zur Stellung des Farb-Rades) und reflektieren dadurch das Licht ganz oder gar nicht in den Strahlengang. Die Helligkeit, beziehungsweise die Farbsättigung entsteht durch die Dauer mit der die Spiegel das Licht in den Strahlengang reflektieren. Da es bei DLP-Projektoren nur noch einen Strahlengang für das Licht gibt, ist die Konvergenz , also die Schärfe, höher als bei LCD-Projektoren, bei denen drei Strahlengänge wieder zu einem zusammengefasst werden müssen. Die Lichtausbeute ist ebenfalls größer als bei LCD-Beams und weil die Spiegel dichter zusammen liegen als LCD-Schaltungen, ist auch die Auflösung höher.

D-ILA-Beams (Direct Drive Image Light Amplifier) arbeiten ähnlich wie DLP-Beams, allerdings trifft der Lichtstrahl hier nicht auf Spiegel, sondern ansteuerbare LCD-Panels, die je nach Ausrichtung der LCD-Pixel das Licht entweder in den Strahlengang reflektieren oder nicht. Da der Lichtstrahl nicht wie bei den LCD-Beams das Panel aus LCD-Kristallen und Schaltungen durchqueren muss, können D-ILA-Beams eine sehr hohe Lichtausbeute erreichen. Zudem können die Reflektions-Chips sehr kompakt gebaut werden und eine hohe Auflösung erzielen.

Die wichtigsten Kriterien für Video-Beams sind die Auflösung und die Lichtstärke. Ein Anhaltspunkt für die Auflösung bietet die Anzahl der Pixel, für die Datenprojektion wird zumeist mit den Auflösungen VGA, SVGA, XGA, SXGA und UXGA gearbeitet (siehe oben). Bei der Datenprojektion wird die Bildfrequenz vom Computer bestimmt.
Die Lichtstärke wird meist in ANSI-Lumen angegeben. ANSI steht für 'American National Standards Institute' und bezeichnet in diesem Fall eine normierte Messmethode für die Bildhelligkeit. Dazu wird auf eine Leinwand mit definierter Größe ein spezielles Graustufen-Testbild projiziert. Auf dieser Leinwand wird nun in neun definierten Zonen die Beleuchtungsstärke (Einheit: Lux) gemessen. Daraus wird ein Mittelwert errechnet, der in die Einheit Lumen (für Lichtstrom) umgerechnet werden kann (1 Lumen entspricht 1 Lux auf einen Quadratmeter). Durch diese Messmethode können Hotspot und Randlichtabfall auf der Leinwand in die Messung mit einbezogen werden.
Als Faustregel kann man sagen, dass 100 ANSI-Lumen pro m² Projektionsfläche in abgedunkelten Räumen eingerechnet werden sollten.

Beams können zusätzlich ausgestattet sein mit:
– **Keystone-Korrektur** (Verzerrungsausgleich) zur Kompensation einer trapezförmigen Verzerrung, die entsteht, wenn der Beam das Bild zu schräg von oben, unten oder von der Seite auf die Leinwand projiziert.
– **Farbtemperatur-Einstellung**, zum Ausgleich an verschiedene Umgebungslicht-Situationen.

- **Horizontale Spiegelung,** um eine Rückprojektion zu ermöglichen..
- **16:9-Umschaltung**
- **100 Hz-Technik** für die Videoprojektion.
- **Line-Doubler**, stellt bei einer Videoprojektion aus den 50 Halbbildern durch Zwischenspeicherung 25 Vollbilder her, die dann jeweils zweimal gezeigt werden.
- **Kaschierung**, ermöglicht ein einstellbares Abkaschen an den Bildrändern mit Schwarz. Das kann je nach Projektionsfläche (es muss ja nicht immer eine Standard-Leinwand sein) oder bei problematischen Videos (VHS hat oftmals einen unsauberen unteren Rand) sinnvoll sein.
- **Lautsprecher**, eher sinnlos, weil die Leistung meist gering und die Platzierung in jedem Fall falsch ist.

Beim Aufbau von Videoprojektoren ist darauf zu achten, dass alle beteiligten Geräte aus einem Stromkreis versorgt werden, da sonst Ausgleichsströme bei der elektrischen Erdung Störstreifen hervorrufen können, die langsam vertikal durch das Bild laufen. Eventuell hilft auch die galvanische Trennung der Videosignale durch einen Mantelstromfilter.

Magnetbandaufzeichnung

Eine Videoaufzeichnung auf Magnetband muss das Aufzeichnen sehr hoher Frequenzen ermöglichen. Für analoge Videoformate sind das Frequenzen bis etwa 6 MHz, es muss also eine große Zahl von Magnetpartikeln pro Sekunde ausgerichtet werden, um diese Frequenzen darstellen zu können. Zum Vergleich: Bei einer Audio-Bandaufzeichnung werden nur Frequenzen bis ca. 20 kHz verarbeitet, also etwa nur 1/300 der Videofrequenz. Theoretisch müsste ein Videoband also 300 mal schneller laufen als ein Audioband. Um den damit einhergehenden Bandverbrauch (und andere Probleme) zu vermeiden, wird der Magnetkopf für eine Videoaufzeichnung nicht fest montiert, sondern auf eine sich schnell drehende (Kopf-)Trommel, an der langsam das Videoband vorbeigezogen wird. Dazu muss das Band etwas schräg über die Trommel laufen, so dass nach jeder halben Trommelumdrehung eine neue Schrägspur auf das Band geschrieben wird. Damit keine Pause in der Aufzeichnung entsteht, muss die Trommel (mindestens) zwei sich gegenüberliegende Magnetköpfe haben, die dann abwechselnd die Spuren beschreiben.

Da die Spuren ohne Abstand nebeneinander liegen (siehe unten: Zeichnung "Spurbelegung bei VHS") ist es wichtig, beim Schreiben oder Lesen der Spuren ein Übersprechen, also das gegenseitige Beeinflussen der Schrägspuren, zu verhindern. Dazu sind die Kopfspalte der beiden Videoköpfe verschieden ausgerichtet: Während bei Tonbändern der Kopfspalt immer genau quer zur Bandlaufrichtung justiert ist, sind die Videoköpfe auf der Kopftrommel in einem etwas schrägen Winkel montiert. Diese Schräge zur Laufrichtung wird als Azimut (auch: Kopfspaltneigungswinkel) bezeichnet. Beim VHS-System ist der eine Kopf +6° verdreht, der andere -6°, dadurch ist für den jeweiligen Kopf die Nachbarspur kaum noch lesbar.

Die Kopftrommel rotiert (beim PAL-System) mit 25 Umdrehungen pro Sekunde, um 50 Halbbilder in eben dieser Zeit aufzeichnen zu können. Beim VHS-Format ergibt sich daraus eine Geschwindigkeit von 5,85 m/s, mit der die Videoköpfe über das Band fahren. Das Band selbst wird dabei nur mit einer Geschwindigkeit von etwa 2 cm/s gezogen.

Zusätzlich zum eigentlich Videosignal werden noch eine Synchronspur, Tonspuren und (bei professionellen Systemen) eine Timecodespur aufgezeichnet.

Die Synchronsignal-Spur dient der Synchronisation der Bandgeschwindigkeit mit der Abtastung auf der Kopftrommel (ähnlich der Perforation bei Filmmaterial), so dass die Magnetköpfe der Kopftrommel auch tatsächlich die Schrägspuren richtig abtasten können. Der Synchronkopf ist deswegen nicht auf der Kopftrommel montiert, sondern feststehend gegenüber dem Videoband.

Der Synchronkopf ist zumeist mit Tonköpfen kombiniert, die ein oder zwei Tonspuren auf das Band als Längsspur schreiben, bzw. lesen.

Bei professionellen Systemen schreibt, bzw. liest ein weiterer (feststehender) Magnetkopf das LTC-Timecodesignal.

Weiterhin gibt es bei jedem Videosystem einen feststehenden Löschkopf, der das Band vor einer neuen Aufzeichnung löscht, ohne ihn könnte ein altes Signal mit den Aufnahmeköpfen nicht vollständig überschrieben werden.

Schließlich gibt es bei aufwändigeren Videosystemen noch weitere Videoköpfe auf der Kopftrommel, um z.B. eine saubere Standbildabtastung zu gewährleisten oder einen Löschkopf, mit dem Insert-Schnitte ermöglicht werden. Zusätzlich können auf der Kopftrommel noch Audioköpfe montiert sein, die eine sehr hochwertige, der CD vergleichbaren Tonqualität, auf einer HiFi-, oder AFM- (= Audio Frequency Modulated) Spur ermöglichen.

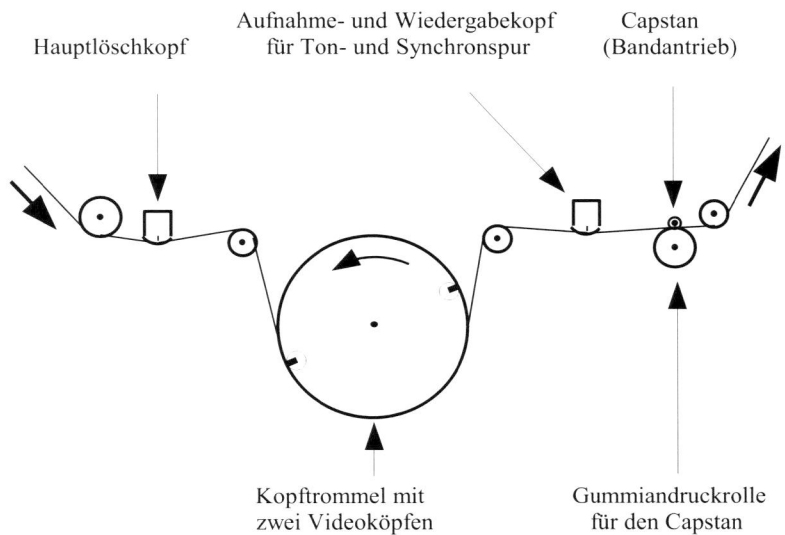

Prinzip der Bandführung bei Videosystemen

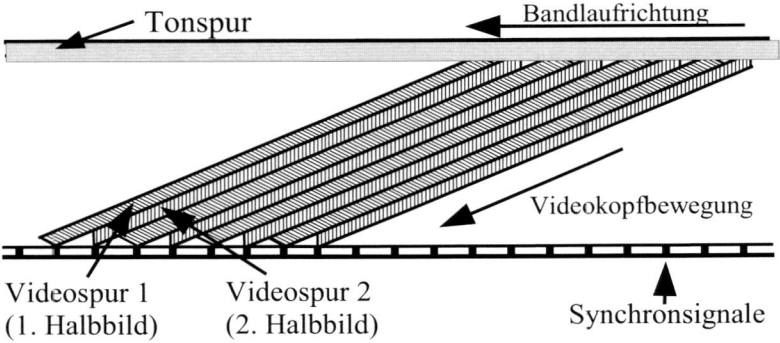

Spurbelegung beim VHS-Format

Neuere VHS-Rekorder haben zu der oben gezeichneten Ton-Längsspur noch zwei HiFi-Spuren, die zunächst mit den Audioköpfen der rotierenden Kopftrommel in die tieferen Schichten des Magnetbandes hineingeschrieben werden. Gleich anschließend magnetisieren die Videoköpfe die Oberfläche des Bandes mit der Videoinformation. Professionelle VHS / S-VHS-Rekorder haben zudem noch statt einer Mono-Längstonspur eine Stereo-Längsspur.

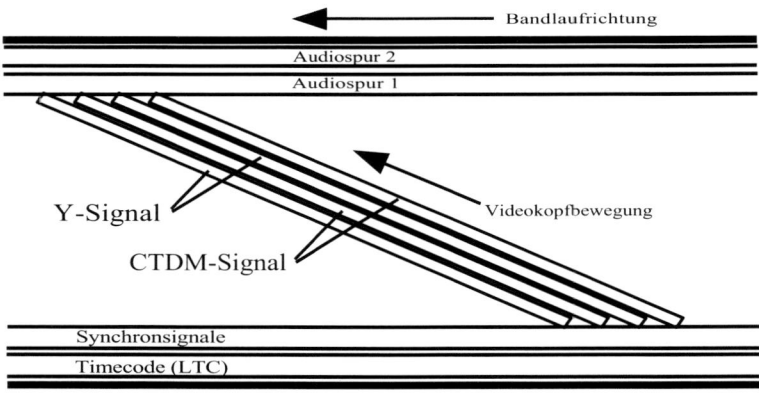

Spurbelegung bei Betacam-SP

Bei Betacam-SP liegen der Videokopf für das Y-Signal und der für das Farbsignal auf der Kopftrommel dicht nebeneinander, die Signale werden also fast gleichzeitig während der gleichen Kopftrommelrotation geschrieben. Das Farbsignal enthält jedoch die beiden Farbart-Signale R-Y

72

und B-Y, die dafür zeitlich komprimiert werden müssen, damit sie auf eine Spur passen, das wird dann CTDM-Signal (Compressed Time Division Multiplexed) genannt. Zeilenweise werden auf der CTDM-Spur nacheinander zeitkomprimiert zuerst das R-Y-Signal, und dann das B-Y-Signal geschrieben. Beim Playback entzerrt ein Time-Base-Corrector das Signal wieder auf die richtige Dauer und gibt die drei Signale (Y/R-Y/B-Y) mit dem richtigen Takt synchron aus. Camcorder können allerdings nur mit einem zusätzlichen Playback-Adapter (Sony VA500P) ein Farbsignal wiedergeben.
Je nach Betacam-SP-Gerätetyp (BVW) gibt es noch zwei zusätzliche Audiospuren (AFM), die auf den Anfang der CTDM-Spur geschrieben werden.

Digitale Bandaufzeichnungssysteme arbeiten ebenfalls mit der Schrägspuraufzeichnung, allerdings nicht analog (sozusagen mit einem Abbild des Signals auf dem Band), sondern setzen Abtastwerte eines Videosignals in Zahlenwerte (Bits) um, die dann auf dem Magnetband gespeichert werden. Diese Bits werden mit der höchstmöglichen Aussteuerung (Sättigung) auf das Band geschrieben, damit sind die Informationen weitestmöglich vom Bandrauschen entfernt und bieten eine hohe Störsicherheit beim Auslesen. Pro Vollbild werden bei der digitalen Aufzeichnung mehr Schrägspuren als bei analogen Systemen geschrieben, z.B. bei DVC-PRO sind es 12 Spuren pro Bild. Die Videosignale werden dabei nicht kontinuierlich aufgezeichnet, sondern verschachtelt auf verschiedene Datenblöcke verteilt (Interleaving). Dadurch können Störungen bei der Aufzeichnung, oder auf der Übertragungsstrecke, durch die Fehlerkorrektur besser eliminiert werden, bzw. sind weniger wahrnehmbar. Die meisten digitalen Systeme arbeiten mit dem Komponentensignal, das allerdings im Gegensatz zu Betacam-SP nicht auf diskreten Spuren geschrieben wird, sondern als Abfolge (seriell) im digitalen Signal.
Das Synchronsignal befindet sich (bei DVC-Pro) nicht mehr auf einer Längsspur, sondern in den ITI-Datenblöcken (Insert- and Tracking-Information) am Anfang der jeweiligen Schrägspur. G1, G2 und G3 sind Edit-Gaps, die es ermöglichen, mit einem Videokopf auf der Kopftrommel Insert-Schnitte auszuführen (- da auf der Kopftrommel hintereinander ein Lösch- und ein Schreib-/Lese-Kopf über das Band fahren, wird ein Sicherheitsabstand zum nächsten Datenblock benötigt). Die Subcode-Datenblöcke sind für die Speicherung von Zusatzinformationen, z.B. Timecode (VITC) vorgesehen. Die Cue-Spur ermöglicht das Abhören des Tonsignals im schnellen Vor-und Rücklauf, ist qualitativ jedoch nicht für die Online-Produktion nutzbar. Die LTC-Spur ermöglicht das Lesen des

Timecodes im schnellen Vor- und Rücklauf. DVC-Pro arbeitet mit einer Bandgeschwindigkeit von 33 mm/s und einer Spurbreite von 18 µm.

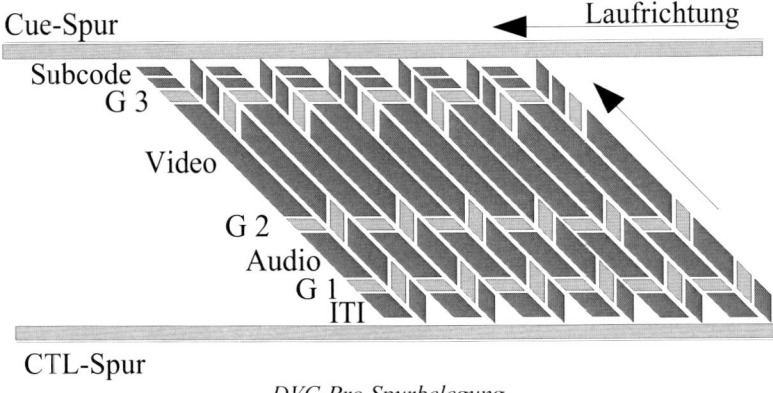

DVC-Pro Spurbelegung

Das DV-Format (ebenso: Mini-DV) unterscheidet sich vom DVC-Pro-Format durch eine geringere Spurbreite von nur 10 µm und einer geringeren Bandgeschwindigkeit von 18 mm/s. In der Konsequenz bedeutet das, dass weniger Magnetpartikel für die gleiche Informationsmenge auf dem Band magnetisiert werden, somit wirken sich Dropouts auf dem Band stärker im Bild- und Tonsignal aus.

Die anderen Parameter sind weitgehend gleich: Es wird für beide Formate ein ¼"-Band verwendet. DV und DVC-Pro arbeiten jeweils mit einer Kompression von 5:1 und weisen eine Videodatenrate von 25 Mbit/s auf. Das Farbsampling arbeitet bei DVC-Pro mit 4:1:1 und bei DV mit 4:2:0. Das Audiosignal kann bei beiden Formaten mit 48 kHz und 16 Bit geschrieben werden, möglich ist jedoch auch 32 kHz mit 12 Bit für die Aufzeichnung von vier Tonspuren.

Für den früher gebräuchlichen Schnitt mit Bandmaschinen als Zuspieler und Recorder ergaben sich aus der Schrägspuraufzeichnung Konsequenzen: Ein Film konnte nur von vorne bis zum Ende geschnitten werden (lineares Editing). Aus dem Film liessen sich also nicht Sequenzen entfernen oder welche hinzufügen (ohne eine nächste Kopiergeneration herzustellen), sondern Sequenzen können nur ersetzt werden. Daraus resultierten bestimmte Arbeitsweisen beim Schnitt von Videobändern: Zunächst wurde das Aufnahme-Band kodiert, das heißt, es wird ein Schwarz-Signal mit einen lückenlosen LTC-Timecode auf das Band aufgespielt (Crash-Record). Dann begann der eigentliche Schnitt: Mittels der Insert-Schnitt-Funktion wurde nun bei jedem Schnitt die Schwarzbildinformation gelöscht und überschrieben durch die gewünschte Videosequenz. Beim Insert-Schnitt konnten wahlweise Video- und/oder Audiospuren gelöscht und überschrieben werden. Die Synchron- und die LTC-Timecodespur blieben dabei unberührt.

Ein anderes Schnittverfahren, das auch bei der Bandaufzeichnung in Videokameras genutzt wird, ist der Assemble-Schnitt: Hierbei wird zunächst die gesamte Information auf dem Band gelöscht, dann jedoch störungsfrei das Synchronsignal, sowie ein neues Video- und Audiosignal angehängt, der LTC-Timecode wird fortgeschrieben. Der Assemble-Schnitt darf jedoch niemals verwendet werden, um etwa eine Sequenz inmitten eines Films zu ersetzen: Der Abstand des feststehenden Löschkopfes zu den rotierenden Videoköpfen bedingt, dass am Ende eines Assemble-Schnitts immer ein Stück unbespieltes Band übrig bleibt (Assemble-Loch). Dieser Schaden kann nur behoben werden, indem man nun mit immer weiteren Assemble-Schnitten sich wieder bis zum Ende des Filmes vorarbeitet. Mit einem Insert-Schnitt kann das Assemble-Loch nicht überschrieben werden, da dort auch die Synchronimpulse fehlen.

Ein wenig Verwirrung stiftet mitunter die andere Verwendung des Begriffes 'Insert-Schnitt' beim Computer-Schnitt (Non-Lineares-Editing): Insert-Schnitt bezeichnet hier das Einfügen einer Sequenz in vorhandenes Material. Dabei wird für das einzufügende Material eine Lücke geschaffen, das Material hinter dem Schnittpunkt also nach hinten verschoben. Das Überschreiben von bereits vorhandenem Material heißt hier 'Overwrite'.

Modulationsverfahren bei der Magnetbandaufzeichnung

Für die analoge Magnetbandaufzeichnung (und die Signalübertragung) stehen drei Verfahren zur Verfügung:

Das amplitudenmodulierte Verfahren (AM) stellt auf einer gleichbleibenden Trägerfrequenz mittels der Höhe einer Amplitude Helligkeitswerte dar.

Das frequenzmodulierte Verfahren (FM) besteht aus einer Grundfrequenz, Abweichungen von dieser Grundfrequenz stellen andere Helligkeitswerte dar. Gleichbleibende Bildinhalte werden als gleichbleibende Frequenz dargestellt. Der Vorteil ist, dass Frequenzen im Gegensatz zu Amplituden bei Übertragungen und Aufzeichnungen vergleichsweise stabil sind. Da die FM-Modulation keine Amplitudenmodulation aufweisen muss, können FM-Signale bei einer Bandaufzeichnung zudem mit einer Vollaussteuerung aufgezeichnet werden, das heißt, der Rauschabstand ist maximal.

Das phasenmodulierte Verfahren (PM) beruht auf einer hochfrequenten Trägerschwingung, deren Phase gegenüber einer Referenzschwingung verändert wird. Dieses Modulationsverfahren wird beispielsweise für die Übertragung der Farbinformation beim PAL-System verwendet.

Direktaufzeichnung

Prinzipiell könnte ein FBAS-Signal mittels Schrägspuraufzeichnung direkt auf ein Magnetband aufgezeichnet werden, ähnlich wie das bei einem Audiosignal auf Tonband geschieht. Beim VHS-Signal ist auch nur eine Auflösung bis etwa 3,2 MHz gefordert (die Bandbreite des FBAS-Signals beträgt bis zu 5 MHz). Das Problem bei der Direktaufzeichnung liegt aber weniger in den oberen Frequenzbereichen, als vielmehr in den tiefen Frequenzen. Aufgrund der dort gegebenen größeren Wellenlängen ist es mit den sehr kleinen Videoköpfen schwierig, das Bandmaterial hinreichend zu magnetisieren, der Störabstand wird dabei zu gering. Großflächige Bildteile erhalten dann ein deutlich sichtbares Rauschen. Ebenfalls problematisch ist, dass das Magnetband bei seinem Weg um die Videokopftrommel geringfügige Unterschiede beim Band-Kopf-Kontakt erfährt, die Intensität unterscheidet sich bei Kopf-Einlauf und -Auslauf (und dazwischen) auf dem Band, was zu nicht beabsichtigten Schwankungen der Amplitudenaufzeichnung führt. Aus diesen Gründen wurde die Direktaufzeichnung schon bald aufgegeben.

FM-Aufzeichnung / Colour-Under-Verfahren

Für die Aufzeichnung des amplitudenmodulierten BAS-Signals ist es sinnvoller, ein frequenzmoduliertes Signal zu verwenden, das sogenannte RF-Signal (Radio-Frequency). Dazu wird eine Trägerfrequenz (auch: Mittenfrequenz) gewählt, beim VHS-System liegt diese zum Beispiel bei 4,3 MHz. Die Amplituden des BAS-Signala werden nun in 'Frequenzabweichungen' von der Trägerfrequenz umgerechnet. Geringe Amplituden werden dabei zu niedrigen Frequenzen, hohe Amplituden führen zu hohen Frequenzen. Diese Abweichungen von der Trägerfrequenz müssen einen Bereich umfassen, der eine auf das jeweilige Videosystem bezogene ausreichende Darstellung des Signals ermöglicht. Bei VHS wird davon ausgegangen, dass ein Frequenzbereich von +/- 0,5 MHz um die Mittenfrequenz herum ausreicht. Dieser Frequenzbereich wird Frequenzhub genannt, er soll zur Vermeidung von Interferenzen oberhalb des zu übertragenden Frequenzbereiches liegen. Die Transformierung bleibt dabei allerdings nicht auf den Frequenzhub beschränkt. Aufgrund von Summen- und Differenzbildung von Träger- und Signalfrequenzen entstehen Frequenzen außerhalb des Frequenzhubs. Diese Bereiche werden 'oberes' und 'unteres Seitenband' genannt.

Da der FBAS-Farbträger von 4,43 MHz nun in einem ungünstigen Bereich liegt, der vom Frequenzhub beansprucht wird, muss er in einen anderen Bereich und zwar unterhalb des BAS-Frequenzspektrums transformiert werden (Colour-Under-Verfahren). Bei VHS liegt die Mittenfrequenz des Farbträgers dann bei 627 kHz. Damit berühren sich die Seitenbänder des Chrominanz- und des Luminanzsignals nur noch knapp.

76

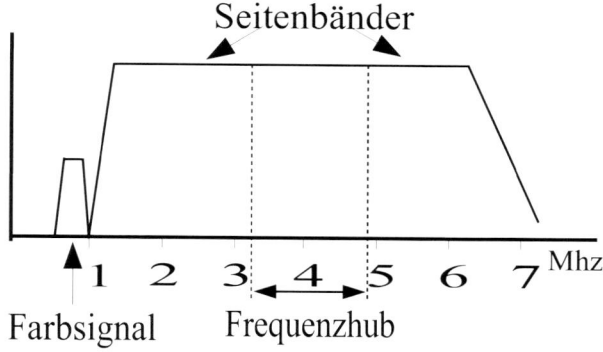

FM-moduliertes Signal zur Bandaufzeichnung

CTDM (Compressed Time Division Multiplex)

Bei Betacam-SP (und M II) erfolgt die Magnetbandaufzeichnung im CTDM-Verfahren. Dabei wird halbbildweise das Luminanzsignal in voller Bandbreite (5 MHz) frequenzmoduliert auf eine Schrägspur aufgezeichnet. Auf eine weitere Schrägspur werden die beiden Farbdifferenzsignale (reduziertes R-Y und B-Y) mit jeweils 2 MHz aufgezeichnet. Um beide Farbdifferenzsignale auf eine Spur schreiben zu können, müssen sie zeitlich jeweils auf die Hälfte komprimiert und dann zeilenweise abwechselnd geschrieben werden. Daher muss das ausgelesene Signal beim Abspielen des Bandes einen Time-Base-Corrector (TBC) durchlaufen, der die Signale zwischenspeichert und das Luminanz- und das Chrominanzsignal wieder synchron ausgibt (siehe unten).

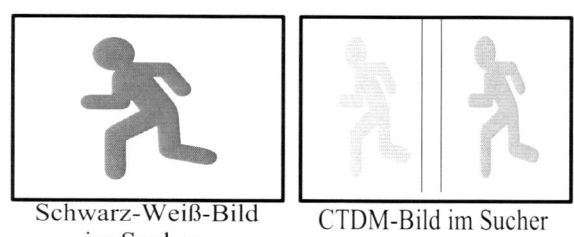

Schwarz-Weiß-Bild im Sucher   CTDM-Bild im Sucher

Wiedergabe von Y- und CTDM-Signal im Kamerasucher

Time Base Corrector (TBC)

Das fehlerfreie Auslesen der Videoinformationen vom Band muss mit hoher Präzision geschehen, die Kopftrommelrotation und die Bandgeschwindigkeit müssen dazu genau aufeinander abgestimmt sein. Dabei werden die Kopftrommel und der Bandantrieb von verschiedenen Motoren angetrieben, das hat zur Folge, dass die Kopfradrotation immer wieder geringfügig verändert werden muss, um sich der Bandgeschwindigkeit und damit den Synchronsignalen anzupassen (Kopfservo). Diese geringfügigen Drehzahlschwankungen führen zu 'Zeitfehlern' beim Auslesen der einzelnen Videozeilen, das heißt, der Gleichtakt für den Beginn der einzelnen Zeilen, die Zeilensynchronisation, kann nicht genau eingehalten werden. Der so entstehende Bildfehler nennt sich 'Jitter'.

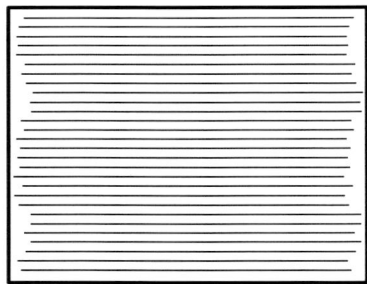

Instabilität der Zeilensynchronisation (Jitter)

Innerhalb gewisser Toleranzgrenzen macht sich dieser Fehler kaum bemerkbar, der horizontale Schärfeeindruck vermindert sich geringfügig. Bei stärkerem Auftreten des Fehlers werden vertikale Kanten im Bild instabil.

Für die Videobearbeitung im professionellen Bereich ist aber ein stabiles Signal ohne Zeitfehler erforderlich. Daher durchlaufen Videosignale dort immer einen 'Time Base Corrector', der die Videosignale zwischenspeichert und mit Hilfe eines Referenztaktes ohne Zeitfehler wieder ausgibt. Diese Zwischenspeicherung kann je nach Gerät zeilenweise, halbbildweise oder vollbildweise erfolgen. Da der Jitter-Fehler auch dazu führen kann, dass einige Zeilen zu früh gegenüber einem Referenztakt kommen, erhalten alle Zeilen zunächst eine Grundverzögerung und dann zusätzlich eine individuell kürzere oder längere Verzögerung zur Synchronisation der Zeilen. Digitale TBCs sind CCD-Shiftregister, die als Zeilenspeicher fungieren, das heißt, die Zeilen werden Bildpunkt für Bildpunkt eingelesen und mit einem Referenztakt wieder ausgelesen. So können gleichzeitig Fehler bei der Zeilensynchronisation, wie auch Geschwindigkeitsfehler (ungleiche

Zeilendauer) korrigiert werden.

Da durch die Grundverzögerung, die ein TBC herbeiführt, die Bildzeilen gegenüber dem Vertikal-Synchronimpuls abgesenkt werden, was nicht zulässig ist, arbeitet ein TBC intern mit einem 'Advanced Sync Impuls', der die Grundverzögerung wieder durch einen zeitlich vorgezogenen Zeilensynchronimpuls kompensiert.

Unverzichtbar ist ein TBC bei Komponentenaufzeichnungssystemen (z.B. Betacam-SP) um dort dem zeitlich komprimierten CTDM-Farbsignal beim Abspielen wieder die richtige Dauer zu geben. Ebenso wichtig sind TBCs im Mehr-Kamera-Betrieb, da die einzelnen Kameras präzise auf einen Studiotakt synchronisiert werden müssen, um einen störungsfreien Live-Schnitt zu ermöglichen. Sie müssen als Framestore-TBC ausgeführt sein, also mindestens ein komplettes Halbbild zwischenspeichern können, um es dann passend zum Studiotakt wieder auszugeben.

TBCs sind zumeist mit weiteren Funktionen ausgestattet, z.B. einer Korrekturmöglichkeit für Video-Pegel, Black-Level, Chroma-Pegel, Y/C-Delay (Verzögerung des Farbsignals gegenüber dem Luminanzsignal), Sync-Regler (zur Fein-Synchronisation auf einen Referenztakt), SC-Regler (zur Fein-Synchronisation der Farbphase in Bezug auf einen Referenztakt).

Dropout-Kompensation

Eng verwandt mit einem TBC ist der Dropout-Kompensator (DOC) und daher meistens auch in diesen integriert. Ein Dropout, auch schlicht als "Spratzer" bezeichnet, ist ein Ausfall der Bildinformation innerhalb einer oder mehrerer Bildzeilen, der durch eine schadhafte Bandoberfläche oder eine Verschmutzung hervorgerufen wird. Technisch gesehen liegt ein Dropout vor, wenn im RF-Signal ein Pegelabfall von mindestens 15 dB auftritt. (RF-Signal meint hier: Frequenzmoduliertes Signal für die Bandaufzeichnung; der Begriff wird aber auch als Bezeichnung für das Antennensignal verwendet.)

Der Dropout-Kompensator speichert jeweils eine Zeile des Videosignals. Wenn in der darauffolgenden Zeile ein Dropout gemessen wird, dann wird der betroffene Teil der Zeile durch das entsprechende gleichlange Stück der gespeicherten vorigen Zeile ersetzt.

Bei FBAS-Signalen kann die Farbinformation aufgrund der PAL-Sequenz nicht mit einer Zwischenspeicherung von nur einer Zeile korrigiert werden, das Chrominanzsignal muss daher um eine weitere Zeile verzögert werden.

Dropouts, die bei einem Kopiervorgang mit übertragen wurden, können auf der Kopie vom Dropout-Kompensator nicht mehr erkannt und korrigiert werden, sie sind beim Kopieren zu einer 'regulären' Bildinformation geworden und lösen keinen Pegelabfall im RF-Signal mehr aus.

Probleme bei der Bandaufzeichnung

Laufwerke für Bandaufzeichnungen können verschmutzen, sich abnutzen oder dejustiert sein. Professionelle Geräte haben Warnanzeigen für diese Probleme:

- RF deutet auf eine Kopfverschmutzung hin. Das hochfrequente aufgezeichnete Signal ist zu schwach und kann nicht mehr richtig gelesen werden. Die Videoköpfe müssen gereinigt werden (siehe unten).

- SERVO bedeutet, dass das Videosignal nicht richtig auf das Synchronsignal getaktet wird, weil das Band nicht mit der richtigen Geschwindigkeit (Gleichlauf) läuft. Es ist aber normal, wenn beim Einfädeln eines Bandes (z.B. bei 'Record' aus dem VTR-Save-Modus) die Servo-Anzeige 2-3 mal blinkt. Wenn die Servo-Anzeige aber stetig blinkt, muss das Gerät in die Werkstatt.

- SLACK bedeutet, dass die Bandspannung nicht stimmt, das Band wird nicht richtig an die Videoköpfe und Umlenkrollen angedrückt. Das führt im schlimmsten Fall zu Bandsalat. Wenn die Ursache nicht eine defekte Kassette ist, dann muss die Kamera in die Service-Werkstatt. Es ist auch nicht ungefährlich eine Kassette mit Bandsalat aus dem Rekorder zu entfernen, durch zu starkes Ziehen können leicht empfindliche Teile im Rekorder-Laufwerk dejustiert werden.

- HUMID bedeutet eine zu hohe Luftfeuchtigkeit und damit die Gefahr von Nässe im Recorder. Dann kann das Videoband bei weiterem Betrieb im Rekorder verkleben und schwere Schäden hervorrufen. Das Problem tritt insbesondere auf, wenn eine durchgekühlte Kamera in einen warmen Raum gebracht wird. Sofort kondensiert die Luftfeuchtigkeit an der Kamera (und natürlich auch an anderen Rekordern und Geräten). Üblicherweise sollte in diesem Fall die Kamera ausgeschaltet und langsam akklimatisiert werden.

- CHANNEL-CONDITION bei Digi-Beta-Geräten entspricht der RF-Warnanzeige (s.o.). Eine grüne Anzeige bedeutet, das alles in Ordnung ist, eine gelegentlich gelbe Anzeige bei der Wiedergabe deutet auf Spratzer hin, die aber noch korrigierbar und damit tolerierbar sind und eine rote Anzeige bedeutet, dass die Bandaufzeichnung ernste Probleme aufweist.

Nicht für alle Probleme gibt es Warnanzeigen: Die Abnutzung der Videoköpfe lässt sich zum einen aus der Anzahl der Betriebsstunden (Kopfstunden) des Gerätes schließen, der tatsächliche Verschleiß hängt aber auch von der Einsatzart und -umgebung des Gerätes ab (z.B. staubige oder feuchte Luft). Prinzipiell sollte ein professioneller Rekorder nach etwa 1000 Kopfstunden eine Werkstattinspektion erhalten. Ein Kopfwechsel ist (bei analogen Geräten) spätestens fällig, wenn an harten vertikalen

Kontrastübergängen (schwarz-weiß-Kanten) sich kleine horizontale Streifen bilden, die Kanten also stellenweise 'verschliffen' werden.

Manche Probleme sind auch ganz einfach zu lösen: Wenn beim Abspielen von Videobändern das Bild instabil ist, bzw. bei Betacam-SP am linken oder rechten Bildrand unmotivierte Farbflächen auftauchen, kann das Tracking dejustiert oder nicht optimal eingestellt sein. Für diese Einstellung gibt es die 'Video/RF'-Anzeige. Bei der Bandwiedergabe wird hier der RF-Pegel angezeigt, der auch die Genauigkeit der Abtastung der Schrägspuren durch die Videoköpfe anzeigt, also die Übereinstimmung der Synchronsignale mit den Bildspuren. Je höher der Pegel ist, desto besser ist die Signalübereinstimmung. (Bei der Aufzeichnung eines Composite-Signals wird in der Video/RF-Anzeige der Videopegel dargestellt.)

Bei VHS oder S-VHS-Geräten macht sich ein schlecht eingestelltes Tracking auch an einem knatternden oder nicht funktionierenden HiFi-Ton bemerkbar: Die HiFi-Spuren liegen dort als Schrägspur unterhalb der Videospuren und müssen daher genauso präzise von den Audioköpfen auf der Kopftrommel abgetastet werden.

Reinigung eines Videolaufwerkes

Irgendwann verschmutzt auch das beste Laufwerk durch Umwelteinflüsse wie Staub oder Rauchpartikel (am besten: Rauchverbot in Schnitträumen), oder abgenutzte, bzw. fehlerhafte Videobänder. Eine manuelle Reinigung eines Laufwerkes ist im allgemeinen unproblematisch. Man benötigt dazu möglichst reinen hochprozentigen Alkohol (Isopropanol), Wattestäbchen und einen weichen, fusselfreien Lappen (empfehlenswert: 'Vileda'-Fensterputztücher). Der Capstan (Bandantrieb) und die feststehenden Köpfe (Lösch-, Audio- und Synchronköpfe) können mit alkoholgetränkten Wattestäbchen in Bandlaufrichtung vorsichtig abgerieben werden. Die Videokopftrommel muss mit dem getränkten Lappen gereinigt werden, indem die Trommel gedreht und dabei der Lappen vorsichtig drangehalten wird. Auf jeden Fall ist ein Reiben quer zur Bandlaufrichtung zu vermeiden, denn damit können die Video- und Audioköpfe sehr leicht dejustiert oder beschädigt werden. Es kommt bei dieser Art von Reinigung auch nicht so sehr darauf an, den Dreck wegzureiben, als vielmehr ihn im Alkohol zu lösen und so im Lappen aufzunehmen. Auf diese Art ist die Reinigung schonender als die Verwendung eines trocken arbeitenden Reinigungsbandes, das den Dreck weg schmirgelt und somit auch die Köpfe mehr verschleißt. Ein Reinigungsband ist daher eher eine Notlösung, wenn das Laufwerk unzugänglich ist oder man es sehr eilig hat. Die Verwendung von Reinigungsspray kann insofern problematisch sein, weil es nicht so genau zu dosieren ist und daher auch an Stellen wirken kann, wo es nicht erwünscht ist, beispielsweise in Lagerungen, die einer Schmierung bedürfen.

Aufzeichnungsstandards

(Bandgeschwindigkeit für PAL, 1 MHz entspricht 80 Linien, 1" = 1 Zoll, engl.: Inch = 2,54 cm, die Angabe für Bit bezieht sich auf die Aufzeichnung – nicht auf die kamerainternen Signalwandler)

Format	Hersteller	Band-format	Auflösung / Datenrate (Video)	Bits	Kompr-ession	Farb-auflösung	Band-geschwindig-keit in mm/s	Audio-spuren
HD Cam SR	Sony	½"	440 Mbit/s	10	4 : 1	4:4:4	94,2	12
HD Cam	Sony	½"	140 Mbit/s	8	4,4 : 1	3:1:1	80,7	4
XD Cam HD	Sony	Disc	35 Mbit/s [1]	8		4:2:0	./.	2/4 [4]
HDV	Sony	¼"	25 Mbit/s [1]	8	18 : 1	4:2:0	18,812	2/4 [4]
HD 5	Panasonic	½"	237 Mbit/s	10	6,7 : 1	4:2:2	139,5	8
DVC-Pro HD	Panasonic	¼"	100 Mbit/s	8	6,7 : 1	4:2:2	135,4	8
AVCHD	Panasonic	SD	15 Mbit/s[1]	8		4:2:0	./.	5.1
Digi-Beta	Sony	½"	108 Mbit/s	10	2 : 1	4:2:2	96,7	4 [3]
Betacam SX	Sony	½"	40 Mbit/s [2]	8	10 : 1	4:2:2	59,575	4
IMX	Sony	½"	50 Mbit/s [2]	8	3,3 : 1	4:2:2	53,676	4/8 [5]
D9 (D-VHS)	JVC	½"	50 Mbit/s	8	3,3 : 1	4:2:2	57,737	4
DVC-PRO 50	Panasonic	¼"	50 Mbit/s	8	3,3 : 1	4:2:2	67,708	4
DVC-PRO (D7)	Panasonic	¼"	25 Mbit/s	8	5 : 1	4:1:1	33,813	2/4 [4]
DV-CAM	Sony	¼"	25 Mbit/s	8	5 : 1	4:2:0	28,218	2/4 [4]
Mini-DV	Sony	¼"	25 Mbit/s	8	5 : 1	4:2:0	18,831	2/4 [4]
Digital 8	Sony	8 mm	25 Mbit/s	8	5 : 1	4:2:0	28,69	2/4 [4]
Betacam-SP	Sony	½"	5,5 MHz	./.	./.	2,0 MHz	101,51	4
M II	JVC	½"	5,5 MHz	./.	./.	2,0 MHz	66,295	4
S-VHS [8]	JVC	½"	400 Linien	./.	./.	1,0 MHz	23,39	3 [6]
VHS [8]	JVC	½"	240 Linien	./.	./.	1,0 MHz	23,39	3 [6]
Hi 8	Sony	8 mm	400 Linien	./.	./.	1,0 MHz	20,05	3 [7]
Video 8	Sony	8 mm	270 Linien	./.	./.	1,0 MHz	20,05	3 [7]

[1] MPEG2 – IBP (XD-CAM HD und AVCHD mit variabler Bitrate, HDV mit fester Bitrate: 720p mit 19 Mbit/s, 1080i mit 25 Mbit/s)
[2] MPEG2 – I-Frame
[3] Zu den hier angegebenen 4 digitalen Tonspuren gibt es zusätzlich noch eine analoge Tonspur: 'Cue Audio'.
[4] Die Angaben für Tonspuren bei DV-Formaten und Digital 8 beziehen sich darauf, dass optional 4 Tonspuren mit 32kHz/12 bit oder 2 Tonspuren mit 48 kHz/16 bit möglich sind.
[5] 4 Audiospuren bei 24 bit, 8 Audiospuren bei 16 bit
[6] Bei VHS / S-VHS haben Consumer-Geräte 1 Mono-Längsspur und 2 HiFi-AFM-Spuren (ältere oder sehr einfache VHS-Geräte haben keine HiFi-Spuren). Professionelle VHS / S-VHS-Geräte können auch zwei Mono-Längsspuren haben.
[7] 2 digitale PCM-Spuren + 1 analoge AFM-Spur
[8] Neben dem VHS bzw. S-VHS 'Vollformat' gibt es noch eine kleinere Kassettengröße, das VHS- bzw. S-VHS-C Format, das für kleine Camcorder entwickelt wurde. Das C-Format hat die gleichen Audio- und Videoparameter wie das Vollformat und kann in den üblichen Playern mittels einer Adapterkassette abgespielt werden.

Betacam-SP unterscheidet sich noch einmal in vier verschiedene Produktvarianten: Der Broadcast-Standard wird bei Sony als BVW-Serie verkauft (Auflösung bis 5,5 MHz; Y/R-Y/B-Y, FBAS Ein-/Ausgänge; 4 Tonspuren), ebenfalls Broadcast-tauglich ist die PVW-Serie (Auflösung bis 5,5 MHz; Y/R-Y/B-Y, Y/C und FBAS Ein-/Ausgänge; 2 Tonspuren – auf 4 Tonspuren nachrüstbar). Für den Industrie-Bedarf gibt es die UVW-Serie (Auflösung bis 5 MHz, bei gleichzeitig 2 dB geringerem Rauschabstand; Y/R-Y/B-Y, Y/C, FBAS Ein-/Ausgänge, 2 Tonspuren) und schließlich sogenannte Office-Player (Auflösung 4,1 MHz; FBAS-Ausgänge, 4 Tonspuren) die nicht für Online-Produktionen geeignet sind.

Daneben gibt es noch einige ältere Formate, mit denen man gelegentlich zu tun hat:
Beim Fernsehen wurden früher Sendungen im 1"(Zoll)B- und 1"C-Format, sowie im 2"-Format für das Archiv aufgezeichnet. Reportagen und Sendebänder wurden mit dem "U-Matic"-Standard (¾") hergestellt. U-Matic unterscheidet sich nochmals in die Standards: U-Matic-Lowband (3 MHz Auflösung), U-Matic-Highband (3,5 MHz) und U-Matic-Highband-SP. (SP bedeutet: Superior Performance = verbesserte Auflösung mit 3,8 MHz. Die wird erreicht durch feineres Bandmaterial und kleinere Videokopf-Spalte.) Dann gab es auch noch den Betacam-Standard (ohne SP), dieser kann problemlos in Betacam-SP-Playern abgespielt werden.

Im Consumer-Bereich gab es früher noch die Standards: Japan Standard, VCR, Betamax, Video2000.

Consumer Formate können zum Teil auch mit mehreren Bandgeschwindigkeiten arbeiten, z.B. VHS, S-VHS, Mini-DV. Die Normalgeschwindigkeit wird dann als SP (Standard-Play) bezeichnet, LP (Long-Play) bedeutet bei VHS und S-VHS die halbe Bandgeschwindigkeit, also doppelte Aufzeichnungsdauer, bei Mini-DV kann die Aufzeichnungsdauer mit LP um 50% erhöht werden. ELP (Extended-Long-Play, bei VHS im NTSC-Standard) erlaubt die dreifache Aufzeichnungsdauer.

Bei analogen Formaten führt das Verwenden geringerer Bandgeschwindigkeiten zu sichtbar schlechteren Rauschabständen und starken Einbußen bei Längsspur-Tonformaten. Bei digitalen Formaten erhöht sich bei LP-Geschwindigkeit das Risiko für Bild- und Tonausfälle, die Spratzer-Toleranz ist deutlich geringer.

Kameraaufzeichnung auf DVD
Im Consumer-Bereich gibt es einige Kameras, die auf **DVD** aufzeichnen. Das Rohmaterial ist zwar kostengünstig, aber die Aufzeichnung vergleichsweise anfällig gegenüber mechanischen Einflüssen. Auch ist die Datenstruktur einer DVD aufgrund der hohen und verlustbehafteten Kompression für die Nachbearbeitung nur bedingt geeignet und somit dem Consumer-Bereich vorbehalten.

Kameraaufzeichnung auf Wechselfestplatten/RAM-Speichern
Die Aufzeichnung von Videosignalen ist nicht an Bandformate gebunden. Bandaufzeichnung hat grundsätzlich den Nachteil eines bautechnisch hohen mechanischen Aufwands und einer vergleichsweise großen Störanfälligkeit. Außerdem lassen sich Signale von Bandaufzeichnung nicht schneller als in Echtzeit in Schnittplätze eindigitalisieren. Digitale Videosignale erfordern zwar eine sehr hohe Datenspeicherkapazität und -übertragungsrate, aber die Verwendung von Festplatten oder RAM-Speichern ist sicherer und verringert die Arbeitszeit bei der Postproduktion.
Im professionellen Bereich setzen sich daher die **Wechselfestplatten** durch (z.B. das System 'Editcam' von Ikegami, die Wechselfestplatten heißen dort 'FieldPak'). Sie sind sicher gegenüber Staub und Verschmutzung und mechanisch relativ unempfindlich. Aufgrund der hohen Materialkosten sind sie aber eher für den aktuellen Bereich interessant, da dort nur mit kurzen Rohmateriallängen gearbeitet wird. Längere Videoproduktionen würden es zur Zeit noch erfordern, jeweils am Ende eines Drehtages das Material auf einen anderen Datenträger zu kopieren, um die Wechselfestplatten neu verwenden zu können.

Interessant ist der Retro-Loop, eine Möglichkeit, die Aufzeichnung noch nachträglich auslösen zu können: In einem RAM-Zwischenspeicher werden bis zu 20 Sekunden Material vorgehalten, die schließlich beim Auslösen auf die Festplatte geschrieben werden können. Unproblematisch ist es natürlich auch, überflüssige Aufnahmen gleich wieder zu löschen.

Auf der Wechselfestplatte kann der Aufzeichnungsstandart festgelegt werden, somit sind Aufnahmen im DV-CAM-, DVC-PRO-, DVC-PRO 50, Digi-Beta-Standart und anderen Formaten möglich.

Eine weitere Entwicklung ist der **RAM-Speicher** als Wechselmedium. Bei gleichen Möglichkeiten wie die Wechselfestplatte ist der Vorteil dabei, dass diese Speicher überhaupt keine Mechanik mehr benötigen. Die Speicherkapazität ist allerdings geringer als die einer Festplatte.

Panasonic verwendet als RAM-Speicher das P2-Format: Es handelt sich dabei um P2-Karten (= "Professional Plug-in Cards"), das ist eine PC-Karte im PCMCIA-Format, in der wiederum 4 SD-Speicherkarten stecken. P2 versteht sich dabei nicht als neues Aufzeichnungsformat, sondern kann die Formate DV, DVC-PRO, DVC-PRO50, DVC-PRO HD (letzteres als 720p- und als 1080i-Format) aufzeichnen. Broadcast-Kameras haben bis zu 5 Steckplätze für P2-Karten. Ein sechster Steckplatz dient der Aufzeichnung von sogenannten Proxy-Videos, die mit einer niedrigeren Datenrate mit MPEG4-Kompression einer Vorschau oder der Übertragung ins Internet dienen sollen. Möglich sind dabei Aufzeichnungsraten von 1,5 Mbit/s für die Sichtung, Schnittvorbereitung oder notfalls als Einspieler für Liveberichte, 768 kbit/s für die Verarbeitung im Netzwerk und 196 kbit/s für die Übertragung im Internet. Eine Einbindung der P2-Karten auf Avid-Schnittplätzen zur Bearbeitung von DVC-PRO50-Dateien ist möglich.

Exkurs: RAID-Systeme

Ein RAID-System ist der Verbund mehrerer Festplatten, entweder um die Ausfallsicherheit von Datenträgern zu erhöhen, oder um die Zugriffszeit zu verkürzen. Für die Verwendung in Kameras ist das System weniger interessant, wohl jedoch bei Schnittplätzen.

Je nach Anwendungszweck gibt es verschiedene RAID-Varianten:

- RAID 0: Die Daten werden durch den Controller auf die verschiedenen Festplatten verteilt (auch "Stripe" genannt), dadurch steigt die Zugriffsgeschwindigkeit. Gleichzeitig erhöht sich das Risiko des vollständigen Datenverlusts, denn schon eine defekte Festplatte in diesem System hat einen vollständigen Datenverlust zur Folge.
- RAID 1: Die Daten werden auf zwei oder mehr Festplatten gleichzeitig geschrieben ("Mirroring"). Das schützt vor Datenverlust wenn eine Festplatte defekt ist.
- RAID 5: Das System besteht aus drei Festplatten und kombiniert die

Vorteile von RAID 0 und RAID 1. Die Daten werden sowohl auf den Festplatten verteilt, wie auch zur Sicherheit gespiegelt.

- RAID 10: Wie RAID 5, jedoch mit einer weiteren Festplatte.
- Matrix RAID: Ein System mit zwei Festplatten, das die Vorteile von RAID 0 und RAID 1 kombiniert, indem beide Festplatten in jeweils zwei Partitionen aufgeteilt werden, je eine Partition für die gestripeten Daten und die andere für die Datenspiegelung.

Grundsätzlich wird ein RAID-Controller benötigt, der jedoch bei aktuellen PCs bereits eingebaut ist. Wichtig beim Einbau mehrerer Festplatten für ein RAID-System ist, auf hinreichende Kühlung zu achten, gegebenenfalls sollte ein weiterer Gehäuselüfter eingebaut werden. Auch der Stromverbrauch erhöht sich, das Netzteil sollte also ausreichend dimensioniert sein. Schließlich entstehen durch den Betrieb von mehreren Festplatten lautere Geräusche und Vibrationen. Da die vermehrten Vibrationen auch die Lebensdauer der Festplatten vermindern kann, sollte über eine dämpfende Befestigung nachgedacht werden. Empfehlenswert ist es, für ein RAID-System gleiche Festplatten von nur einem Hersteller zu verwenden.

Video auf CD/DVD

Die oben beschriebenen digitalen Aufzeichnungsformate können im Prinzip ungewandelt über eine Firewire- oder SDI-Leitung direkt in einen Computer eingespielt und dort weiter verarbeitet werden. Die dabei anfallenden Datenmengen sind jedoch immer noch so groß, dass eine Ausgabe auf CD (650 oder 703 MByte) oder DVD (4.700 MByte) nur sehr kurze Filmlängen ermöglichen würde. (Davon abgesehen wäre der Datenstrom so hoch, dass handelsübliche Laufwerke damit überfordert sind.) Daher muss das digitale Videomaterial noch einmal neu komprimiert werden (siehe: Kompression).

Die dabei entstehenden Videodateien werden als AVI-Dateien bezeichnet (AVI = Audio-Video-Interleave). Leider ist AVI kein Standard im eigentlichen Sinn, sondern nur ein Oberbegriff für Video-Dateien, die auch ein Audiosignal enthalten können. Jeder Hersteller von Hard- oder Software kann einen eigenen AVI-Standard kreieren, inzwischen gibt es über 300 verschiedene AVI-Standards, die durchaus nicht alle miteinander kompatibel sind. Daher muss ein Schnittsystem oder eine Wiedergabe-Software mit den notwendigen Treibern für die jeweils benutzten AVI-Files ausgestattet sein. Mit welchem Codec die jeweilige AVI-Datei arbeitet, bezeichnet eine 4 Zeichen lange Zeichenkette im Header der AVI-Datei. Dieser Header wird als FourCC (= Four Charakter Code) bezeichnet. Diese Header werden zentral bei Microsoft registriert, so dass sie jeweils nur einmal vergeben werden. Allerdings veröffentlicht Microsoft diese Informationen nicht, daher ist nicht immer bekannt, wie der Codec spezifiziert ist oder welcher Hersteller ihn entwickelt hat. Immerhin gibt es

86

Webseiten auf denen diese Informationen gesammelt werden, z.B. diese: www.fourcc.org/codecs.php
Ähnlich wie AVI sind auch RealMedia (RM)- und QuickTime Movie (MOV)-Files nur Oberbegriffe für Video/Audio-Codecs.
Die gängigsten Video-Kompressionsverfahren mit integriertem Audiosignal für die Distribution finden nach den MPEG- (Motion Picture Experts Group) Standards statt:

MPEG1 gibt es seit 1992 und wurde für die Video-CD entwickelt. Die maximale Bildauflösung beträgt 352 x 288 Bildpunkte, es sind Bitraten von 1 – 3 Mbit/s möglich. Jedes Bild wird hierbei einzeln encodiert, daher entstehen relativ große Dateien, deren Bilder leider nur mäßiger VHS-Qualität entsprechen.

MPEG2 (entspricht weitgehend der Norm H.262) ist eine 1994 entstandene Weiterentwicklung für SVCD (Super-Video-CD) und DVD. Es ist von der Bildqualität und seiner Skalierbarkeit wesentlich besser als MPEG1. Verschiedene Bildauflösungen sind möglich, zum Beispiel:
Low   mit 352 x 288 Bildpunkten bis maximal 4 Mbit/s
Main   mit 720 x 576 Bildpunkten bis maximal 15 Mbit/s
High 1440 (HDTV 4:3) mit 1440 x 1152 Bildpkt.   bis maximal 60 Mbit/s
High (HDTV 16:9)   mit 1920 x 1152 Bildpunkten bis maximal 80 Mbit/s

Im MPEG2 Standard kann jedes Bild einzeln (intraframe) encodiert werden, solche Bilder werden als I-Frame bezeichnet. Damit kann dieses Format auch im Schnittstudio verwendet werden. Für Distributionszwecke ist es aber sinnvoller, ein höheres Kompressionsverhältnis zu erreichen und mit einer **GOP**- (Group of Pictures) Struktur zu arbeiten (interframe). Häufig wird eine GOP aus 12 Frames verwendet: Am Anfang der GOP steht immer ein **IFrame**, ein vollständig (intraframe) encodiertes Bild. Danach folgen so genannte Δ- (Delta) Frames mit interframe Encodierung: **P-Frames** speichern nicht die eigentliche Bildinformation, sondern Unterscheidungen gegenüber vorangegangenen I- oder P-Frames, also etwa 'vorhergesagte' Bewegungsabläufe. Zwischen I- und P-Frames liegen **B-Frames**, die vorangegangene und/oder nachfolgende I- oder P-Frames in die Kompression mit einbeziehen. Eine typische GOP-Struktur sieht dann so aus: IBBPBBPBBPBB. Daran ist auch zu sehen, dass eine solche MPEG2-Datei nicht in einem Schnittprogramm verwendbar ist, da der Zugriff auf Einzelbilder nicht möglich ist. Erst ein Umrechnen oder das Abspielen als (analoges) Videosignal stellt die Einzelbilder wieder her.

MPEG4 ist ein von Microsoft entwickelter Codec, der eine noch höhere Kompression ermöglicht, so dass nun auch ein Spielfilm in passabler Qualität auf eine CD passt. Eine populäre Weiterentwicklung dieses Codecs wird als **DivX** bezeichnet. Auch davon existieren bereits mehrere Versionen. Eine andere Weiterentwicklung ist der AVCHD-Standard (H.264/AVC), der für HDTV-Aufzeichnungen verwendet wird (siehe dort). Die HD-Übertragungsraten betragen 3-10 Mbit/s.

Ein weiterer Kompressionsstandard ist **Windows Media Version 9 (WM9** oder auch **VC-1)**. Die Verarbeitung von HD-Signalen ist möglich, für eine HDTV-Übertragung beträgt die Bitrate 6-10 Mbit/s. Das Format kann auch einen Kopierschutz (DRM = Digital Rights Management) integrieren.

Video auf CD
Eine normgerechte SVCD hat eine maximale Gesamtbitrate von 2.718 kBit/s, dabei darf die Videobitrate 2.600 kBit/s nicht überschreiten. (Manche Player benötigen andererseits eine Mindestbitrate von 1.300 kBit/s. Die Audiobitrate kann für Mono 32 – 192 kBit/s, für Stereo 64 – 384 kBit/s betragen. Die weiteren Spezifikationen sind: PAL = 25 Frames/s mit 480 x 576 Bildpunkten, NTSC = 29,97 Frames/s mit 480 x 480 Bildpunkten. Videokompressionsformat MPEG2, CBR/VBR und Audio-Kompressionsformat MPEG1 Audio Layer II, 16 Bit Stereo, 44.100 Hz.

DVD-Formate
Die DVD (Digital Versatile Disk) kann als Weiterentwicklung der CD verschiedene Datenformate optisch speichern, also für Video-, Audio- und Datenspeicherung verwendet werden. Die höhere Speicherkapazität gegenüber einer CD (mit infrarotem Laser, 795 nm Wellenlänge) wird im wesentlich durch einen roten Laser mit kürzerer Wellenlänge (662 nm) ermöglicht, so dass die Daten auf der DVD dichter angeordnet werden können.
Für DVDs im Normal-Format (nicht HDTV) sind Datenraten bis etwa 8 Mbit/s üblich, häufig wird mit einer variablen Datenrate gearbeitet, da Bilder mit geringen Bewegungsanteilen stärker komprimiert werden können. Mit relativ geringen Datenraten (2-4 Mbit/s) wird MPEG2 auch für die DVBT-Übertragung verwendet (siehe dort).
Handelsübliche DVD-Rohlinge haben eine Speicherkapazität von 4,38 GB. (Die Angabe von 4,7 GB ist nicht ganz zutreffend, da 1.000 MB nicht ganz 1 GB entsprechen.) Für die gewerbliche Distribution gibt es noch DVD-Typen mit höherer Speicherkapazität: Die DVD-9 hat zwei übereinander liegende Layer (Schichten) auf einer Seite, die insgesamt 8,5 GB speichern können. Zur Wiedergabe dieses Formates muss der Player den Laserstrahl

auf den jeweiligen Layer fokussieren können. Die DVD-10 mit 9,4 GB hat jeweils einen Layer pro DVD-Seite, muss also nach Ablauf einer Seite gewendet werden. Die DVD-18 bietet 17 GB mit zwei Layern pro Seite. Eher selten ist die DVD-14, die auf einer Seite zwei und auf der anderen einen Layer hat.

Auf dem Markt sind drei konkurrierende Verfahren: Für das von der Firma Pioneer entwickelte DVD-R Format mussten andere Hardware-Hersteller Lizenzgebühren bezahlen, daher wurde später von Sony und Philipps mit der DVD+R ein weiteres Format auf den Markt gebracht. Somit ist das DVD+R-Format nicht mit allen älteren DVD-Playern kompatibel. Ein weiteres Format ist die DVD-RAM, ein Datenträger in einer Cartridge, der bis zu 100.000 mal wiederbeschreibbar ist.

Im Prinzip ist eine DVD mit einer Schallplatte zu vergleichen: Die DVD-Signale werden entlang einer von innen nach außen verlaufenden Spirallinie (Groove) auf einer Beschichtung (Layer) eingebrannt. Zum Auslesen wird der Layer entlang des Grooves mit einem Laserstrahl abgetastet und eine Fotozelle registriert den Reflektionswert. Damit die Schreib- und Lesegeschwindigkeit konstant bleibt, variiert die Drehzahl der DVD: Wenn Daten am äußeren Rand gelesen/geschrieben werden, rotiert die DVD langsamer als beim Lesen/Schreiben der Daten zur Mitte hin.

Die einmal beschreibbaren Formate (DVD-R und DVD+R) haben als Layer eine organische Lackschicht ("Dye"), in die der Laser "Löcher" hinein brennt, so dass der Reflektionswert an diesen Stellen verändert wird. Diese "Löcher" benötigen eine gewisse Ausdehnung (Channel Bit Length = T) um als Signal mit einer bestimmten Dauer erkannt zu werden. Bei einfacher Abspielgeschwindigkeit beträgt die Signalzeit 38 ns. Hier liegt das Problem für die DVD-Brenner: Was bei einfacher Geschwindigkeit beim Brennen noch gut funktioniert, wird bei höheren Brenngeschwindigkeiten kritisch. Bei einem Brand mit 16-facher Geschwindigkeit darf die Signalzeit nur noch 2,4 ns betragen, die Toleranz wird immer geringer. Daher empfiehlt es sich, DVD-Brände mit möglichst geringer Geschwindigkeit durchzuführen.

Bei den wiederbeschreibbaren Formaten (DVD-RW und DVD+RW) besteht der Layer aus einer Metalllegierung, deren atomares Gefüge durch Laserbestrahlung verändert wird. Dieser Layer hat allerdings einen geringeren Reflektionsgrad als bei einer einmal beschreibbaren DVD, er entspricht etwa dem Reflektionsgrad von DVDs mit zwei Layern, was bei manchen Playern zu Irritationen führt.

Über die Haltbarkeit von DVDs gibt es noch keine verlässlichen Angaben. Klar ist nur, dass auch DVDs altern, also aufgrund chemischer Prozesse sich die Reflektionswerte der Beschichtungen verändern. Der Alterungsprozess verstärkt sich bei höheren Umgebungstemperaturen und höherer Luftfeuchtigkeit. Insofern empfiehlt es sich, DVDs bei Zimmertemperatur und mäßiger Luftfeuchtigkeit zu lagern.

Datenstruktur einer Video-DVD
Auf einer Video-DVD sind zwei Ordner angelegt: **AUDIO_TS**, ein Ordner der jedoch nur auf einer Audio-DVD benutzt wird, auf einer Video-DVD ist er leer. Hingegen enthält der Ordner **VIDEO_TS** alle Video-, Audio- und Menüdateien. In diesem Ordner sind drei Dateitypen enthalten: **VOB**-(video object) Dateien enthalten den Videostream im MPEG2-Format und den Audiostream (wahlweise als AC3, lineares PCM, MPEG2-Multichannel oder MPEG1 Audio Layer 2). Da die Zugriffs-geschwindigkeit vieler Laufwerke eher mäßig ist, sind die Video- und Audiodatei im Multiplex-Verfahren zu einem Stream zusammengefasst. Die VOB-Datei kann auch aus einem Haupt-Videostream und mehreren Sub-Videostreams bestehen, um die 'Multiangle'-Funktion zu ermöglichen. Ebenfalls in der VOB-Datei sind die Menüfunktionen und Untertitel und weitere Audiospuren für zusätzliche Sprachversionen enthalten. Die maximale Größe einer VOB-Datei beträgt 1 GB, somit müssen längere Filme auf mehrere VOB-Dateien verteilt werden (VTS_01_1.VOB, VTS_01_2.VOB usw.).
IFO-(Information) Dateien enthalten Angaben zur Videolänge, Sprachversionen (Audiospuren und Untertitel) und Menüverhalten. Jeder VOB-Datei ist eine IFO-Datei zugeordnet. Die IFO-Dateien sind notwendig, um dem Player die Struktur der DVD zu vermitteln.
BUP- (Backup) Dateien sind eine Sicherheitskopie der IFO-Dateien.
Neben der Ordnerstruktur ist für DVDs auch eine bestimmte Dateistruktur gefordert, damit die DVD in Stand-alone-Playern und Computern auch als Video-DVD erkannt wird. Es hat historische Gründe, das es hierfür zwei Dateisysteme gibt. Ältere Computerbetriebssysteme (Windows 95, Windows NT) verstehen nur das universelle Dateiformat ISO 9660. Die älteste Version dieses ISO-Formats, Level 1, akzeptiert nur 8 Zeichen für den Dateinamen, sowie 3 für die Dateierweiterung und kann nur eine Verzeichnistiefe von bis zu 8 Ebenen verwalten. Später wurden noch die ISO-Formate Level 2 und Level 3 eingeführt, die längere Dateinamen erlaubten, sowie das Joliet-Format mit bis zu 64 Zeichen für Dateinamen. Für die DVD wurde jedoch 1995 ein völlig neues Dateisystem eingeführt: UDF ("Universal Disk Format", auch als ISO 13346 oder ECMA-167 bezeichnet). Es ermöglicht Dateinamen mit bis zu 255 Zeichen und ist in der

Verzeichnistiefe nicht beschränkt. Windows 98, 2000, XP, MacOS (ab 8.0), sowie Linux verfügen über die notwendigen Treiber für das UDF-Format. DVD-Stand-alone-Player arbeiten ausschließlich mit der UDF-Dateistruktur, genaugenommen mit dem Format UDF 1.02.

Um die Kompatiblität der Video-DVDs mit älteren Betriebssystemen herzustellen wird das sogenannte UDF/ISO-Bridge verwendet: Das UDF-Format wird mit einem ISO 9660-Mantel umgeben, der es für ältere Betriebssysteme als ISO-Format erscheinen läßt. Systeme hingegen, die UDF-kompatibel sind, identifizieren die DVD als UDF-Format.

Entscheidend für die Kompatibilität einer Video-DVD ist also, dass das UDF-Format (Version 1.02) enthalten sein sollte, damit die DVD auch auf Stand-alone-Playern läuft.

Wichtig ist schließlich nicht nur welche Ordner und Dateien in welchem Format auf die DVD gebrannt werden, sondern auch in welcher Reihenfolge dies geschieht. Authoring-Programme erzeugen zunächst die notwendigen Dateien, diese müssen nun noch in die richtige Reihenfolge sortiert werden. Brennprogramme würden bei Verwendung eines reinen Dateibrandes die Dateien alphabetisch sortieren und in dieser Reihenfolge auf die DVD brennen. Das ist jedoch problematisch für einen Stand-alone-Player. Daher sollte bei einem Brennprogramm immer die Option "Video-DVD" genutzt werden, die die Dateien nach ihrer Bedeutung sortiert (-als Reihenfolge ergibt sich dann IFO-, darauf VOB- und schließlich BUP-Dateien).

Kommerzielle DVDs enthalten häufig den **Regionalcode**, um internationale Verwertungsrechte unterschiedlich staffeln zu können. Dadurch kann etwa eine mit Regionalcode 2 versehene DVD nur mit europäischen DVD-Playern abgespielt werden, die ebenfalls mit dem Regionalcode 2 versehen sind. (RC 1 = USA und Kanada, RC 2 = Europa, Japan, RC 3 = Südostasien, RC 4 = Zentral- und Südamerika, Australien, RC 5 = Afrika, Russland, Indien, RC 6 = China, RC 7 = reserviert, RC 8 = internationaler Flug- und Schiffsverkehr, RC 0 = keine Beschränkung). Derzeit ist der Regionalcode in den meisten Playern noch als Software-Datei integriert, das heißt, er kann über ein verstecktes Menü auch geändert werden. Angaben zum Zugang zu diesem Menü lassen sich gelegentlich im Internet finden.

Macrovision ist ein analoger Kopierschutz, der das Ausgangs-Videosignal soweit mit unzulässigen Schwarz- bzw. Synchronsignal-Werten verunstaltet, so dass ein Videorecorder damit Probleme bekommt, das Signal jedoch in einem Monitor noch verwertbar ist. Auch die Macrovision-Funktion ist in einem versteckten Menü zu- oder abschaltbar.

Content Scrambling-System ist eine digitale Verschlüsselung der Dateien, die eine Direktkopie der Dateien unmöglich machen soll.

Optische HD-Medien
Die Nachfolge der DVD treten zwei konkurrierende Formate an: Die Blu-Ray-Disc und die HD-DVD. Beide arbeiten mit einem blauen Laserstrahl (405 nm Wellenlänge), der eine noch dichtere Anordnung der Informationen auf der Disc ermöglicht. Zusätzlich dazu wurde der Abstand des Lasers von der Trägerschicht der Disc verringert, was die Fehlersicherheit erhöht. Die HD-DVD hat eine Speicherkapazität von etwa 15 GB (pro Trägerschicht), die Blu-Ray-Disc weist eine dünnere Schutzschicht über dem Trägermaterial auf, so dass der Laser noch feiner gebündelt werden kann und damit eine Kapazität von etwa 25 GB (pro Trägerschicht) möglich ist. Aufgrund der dünneren Schutzschicht ist die Blue-Ray-Disc allerdings mechanisch empfindlicher als die HD-DVD.
Blue-Ray und HD-DVD sind für die Videokompressionsverfahren MPEG2, H.264/AVC und VC-1 (auch als Windows Media 9, WMV-9 oder SMPTE 421M bezeichnet) spezifiziert. VC-1 ist in der Codierung effizienter als MPEG 2, es ist vergleichbar mit H.264, soll aber aufgrund der einfacheren Dateistruktur besser dekodierbar sein als H.264. Das Audiosignal kann im AC-3 oder DTS-Verfahren aufgezeichnet werden.
Eine zunehmend größere Rolle spielt das "Digital Rights Management" (DRM), also der Kopierschutz. Für diese HD-Medien wurde der AACS-Kopierschutz neu erfunden: Auf die Software-geschützten Inhalte dürfen nur zertifizierte Player und Computerbestandteile (Soft- und Hardware) Zugriff nehmen. Blue-Ray arbeitet zusätzlich optional noch mit einem weiteren Software-Kopierschutzverfahren: BD+ , das kontrollieren soll, ob der ausgegebene Datenstrom manipuliert wird. Schließlich arbeitet Blue-Ray auch weiterhin optional mit Regionalcodes, es gibt allerdings nur noch drei Regionen: A (Nord- und Südamerika, Japan, Korea, Hongkong, Taiwan, Südostasien), B (Europa, Afrika, Australien und Neuseeland), C (Indien, Nepal, China, Rußland, Zentralasien).

Messgeräte

Monitor

Die visuelle Beurteilung eines Videosignals sollte mit einem "Klasse 1"- oder "Klasse 2"-Monitor erfolgen. Sie bieten eine hohe Auflösung und die Helligkeits-, Kontrast- und Farbeinstellungen sind genormt. Solch ein Monitor bietet Y/R-Y/B-Y - und/oder digitale Eingänge, mit denen sich das Online-Signal unverfälscht darstellen lässt, aber auch FBAS Eingänge, mit denen man prüfen kann, was beim Zuschauer ankommt (z.B. Cross-Colour-Fehler). Zusätzlich gibt es noch Prüftasten, z.B. "Underscan", eine Anzeige, die das Bild soweit verkleinert, dass keine Bildränder mehr abgekascht werden. Damit können Farbverschiebungen oder instabile Zeilen am Bildrand ermittelt werden. Das Peaking ist einstellbar; die Farbanteile sind separat darstellbar, somit kann mit geeigneten Testbildern ein korrekter Chroma-Pegel eingestellt werden.

Waveformmonitor

Hiermit können die Pegel des Luminanz- und des Synchronsignals ermittelt werden, sowie Dauer und Ort der Signale (Phasenverschiebungen). Der Waveformmonitor stellt in der Grundeinstellung die Helligkeitswerte aller Zeilen dar. Die Darstellung ist insofern anschaulich, als dass die abgebildeten Objekte in ihrer horizontalen Position erkennbar sind. Die vertikale Position in der Waveform-Darstellung wird aber allein durch die Helligkeitswerte der Bildpunkte bestimmt.

Am Schnittplatz wird der Waveformmonitor zumeist dazu benutzt, den Pegel des Luminanzsignals festzustellen. Dazu wird das Farbsignal ausgefiltert (Einstellung: "LUM"), so dass nur die Werte des Schwarz-Weiß-Signals dargestellt werden. Zur Bewertung des Signals muss zwischen Signalamplitude (SA) und Bildamplitude (BA) unterschieden werden. Die Signalamplitude (der Spannungsunterschied zwischen dem Synchronimpuls und der höchsten Bildaussteuerung = reines Weiß) darf nur maximal 1 Volt betragen. Die Bildamplitude bezieht sich nur auf den Spannungsunterschied zwischen dem Schwarz- und dem Weißwert (und darf nur maximal 0,7 Volt betragen). Für die Arbeit am Schnittplatz bezieht man sich zumeist auf die Bildamplitude und gibt dort die Werte in Prozent an. Schwarz entspricht somit 0% (2-3% sind ebenso als Schwarz zugelassen) und Weiß entspricht 100%. Der Schwarzwert darf nicht unter 0% absinken, da er sonst fälschlicherweise von Recordern oder Monitoren als Synchronsignal gelesen werden könnte. Das Weißsignal darf 100% nicht überschreiten, da sonst eine Übersteuerung (ausgewaschen wirkende Bildteile) von Recordern und Monitoren stattfinden könnte. (Sehr feine Signalspitzen über 100%, z.B. Reflexionen auf sehr kleinen Flächen, sind erlaubt.) Prinzipiell ist mit Hilfe des Waveformmonitors darauf zu achten, ein möglichst kontrastreiches Bild zu erzielen, bei dem weder wesentliche Bildteile im Schwarz "verschluckt" werden, noch helle Bildteile verwaschen wirken.

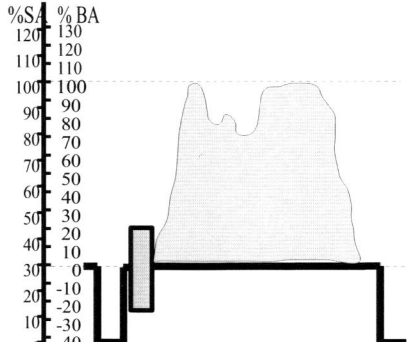

Korrektes Bildsignal mit Aussteuerung der Signalspitzen bis 100% BA und Schwarzwert größer oder gleich 0% BA.

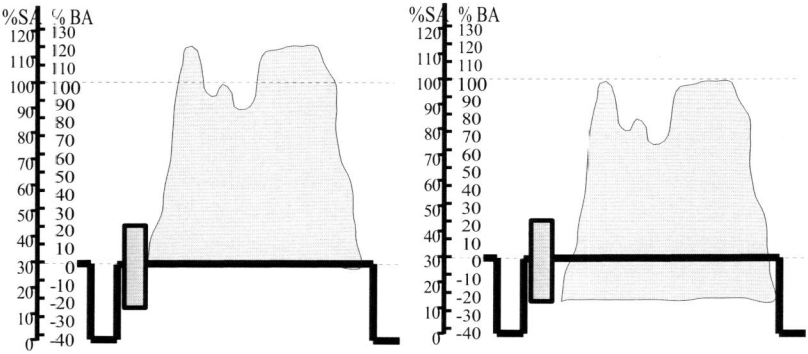

Unzulässig hoher Signalpegel, die Pegel über 100% führen zu Übersteuerungen bei der Aufzeichnung und werden dabei zu konturlosen weißen Flecken.

Unzulässig tiefer Signalpegel unterhalb von 0% BA, das kann Störungen des Synchronsignals verursachen.

Bei digitalen Schnittsystemen werden die Bildsignale ohnehin begrenzt auf den Bereich zwischen 0% und 100% BA. Aber auch wenn somit keine 'verbotenen' Pegel mehr auftreten können, bedeutet das nicht, dass jedes Bild optimal ausgesteuert ist: Wenn der Videolevel zu stark angehoben wird, dann 'staucht' sich das Signal an der 100%-Grenze, es wird komprimiert. Der Pegel ist dann zwar noch zulässig, aber die Konturen in den hellen Bereichen gehen verloren (Zeichnung a). Wenn der Black-Level

94

zu hoch angehoben wird, geht das Schwarz im Bild verloren, der Kontrast verringert sich, das Bild wirkt wie im Nebel aufgenommen. (Bei entsprechenden Bildmotiven mit geringem Kontrastumfang kann das natürlich auch korrekt sein.) (Zeichnung b)

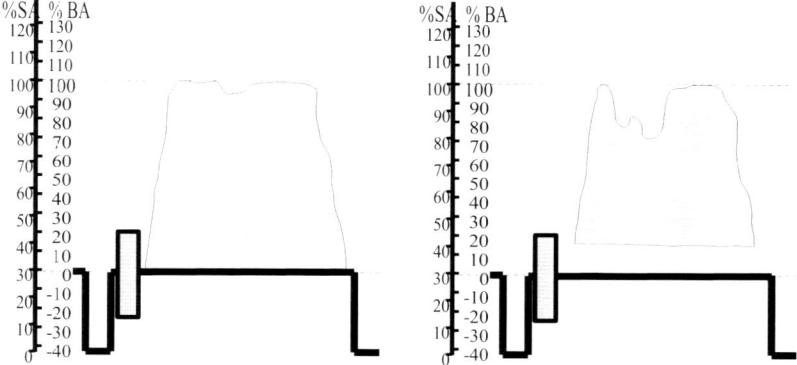

a) zu hohe Videolevel-Einstellung   *b) zu hoher Black-Level*

Weiterhin kann der Waveformmonitor dazu benutzt werden, um Kameras und Zuspieler im Studiobetrieb aufeinander abzugleichen, zum einen bezüglich der Synchronsignale (H-Phase), so dass alle beteiligten Geräte mit dem gleichen Takt arbeiten, zum anderen bezüglich der Feinjustierung der einzelnen Geräte auf gleiche Ausgangspegel, bzw. der Kompensation von Leitungsverlusten bei der Übertragung.

Als Testsignal wird dazu ein Farbbalken (Bars) mit acht senkrechten Balken verwendet: Weiß, Gelb, Cyan, Grün, Magenta, Rot, Blau und Schwarz. Üblich sind zwei Farbbalkenvarianten: 100/100 und 100/75. Die erste Zahl bezieht sich auf den weißen Balken und bedeutet, dass dieser mit 100% seines Wertes dargestellt wird, also eins zu eins. Der Waveformmonitor sollte dieses mit 100% BA anzeigen, das Vektorskop mit einem Punkt in der Bildmitte. Die zweite Wert /100 oder /75 bezieht sich auf die Intensität der farbigen Balken, also ob die volle (technisch zulässige) Farbaussteuerung mit 100% oder nur zu 75% dargestellt wird. Welcher Farbbalken vorliegt, lässt sich am Waveformmonitor in der "LUM"-Einstellung erkennen: Beim 100/100 Balken liegt der Gelbwert bei 89% BA, beim 100/75 Balken etwa bei 67% BA. Noch einfacher ist es in der "FLAT"-Einstellung: Beim 100/100 Balken liegt nun die Oberkante der Farbwerte von Gelb und Cyan bei etwa 130%, beim 100/75 Balken sollte die Oberkante der Farbwerte von Gelb und Cyan identisch zum Weißwert bei 100% liegen.

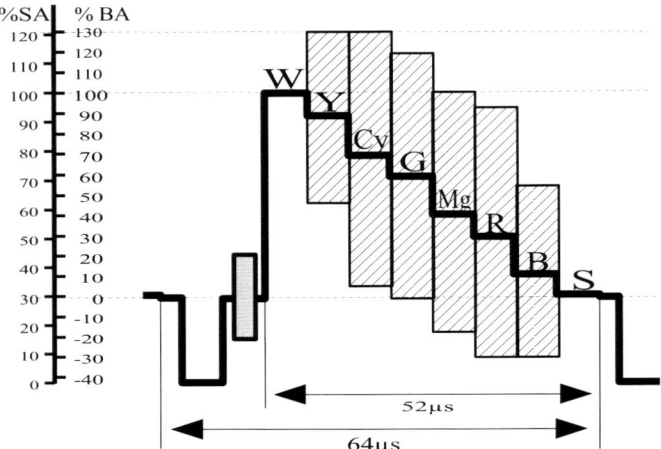

Waveformdarstellung eines 100/100 Farbbalkens

(Die Flächen um die Farben Yl, Cy, G, Mg, R, B zeigen die Aussteuerung bei Einspeisung eines FBAS-Signals, insofern wird hier auch zwischen Synchron- und Bildsignal der Burst dargestellt.

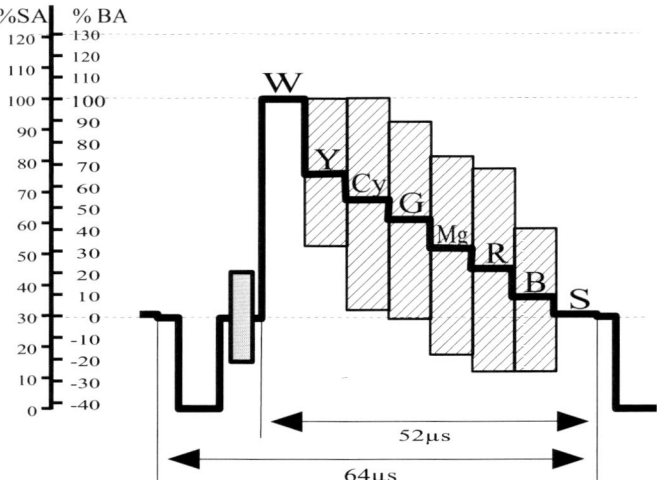

Waveformdarstellung eines 100/75 Farbbalkens

Die Sollwerte (BA) des Y-Signals für die einzelnen Farbwerte betragen für die einzelnen Farbbalken:

	Weiß	Gelb	Cyan	Grün	Magenta	Rot	Blau	Schwarz
100/100	100%	89%	70%	59%	41%	30%	11%	0%
100/75	100%	66%	53%	44%	31%	22%	9%	0%

Prinzipiell könnte auch ein einfaches Oszilloskop für diese Aufgabe verwendet werden. Da dieses aber nicht die Farbsignale ausfiltern kann, müsste es mit dem puren Luminanzsignal gespeist werden. Problematisch ist allerdings, dass sich bei einem Oszilloskop die Nulllinie der Spannung nicht fest einstellen lässt, so verschiebt sich die Grafik je nach Luminanzanteil vertikal. Zu diesem Zweck ist bei Waveformmonitoren die Funktion "DC-Restore" eingebaut, die den Nullwert in der Darstellung "festklemmt".

Vektorskop
Das Vektorskop stellt die Aussteuerung der Farbwerte eines Bildes dar. Eine Zuordnung des Farbwertes zu der Position im Bild ist dabei nicht gegeben. Vergleichbar wäre die Darstellung mit einem Farbkreis, auf dem die Farben zum äußeren Rand hin intensiver werden. Weiß und Schwarz erzeugen keine Ablenkung nach außen, sie liegen im Mittelpunkt. Weiterhin stellt das Vektorskop den Burst dar. (Da beim PAL-Signal die Farbphase alterniert, werden in der PAL-Einstellung des Vektorskops zwei Burstlinien dargestellt und jede Farbaussteuerung ist ebenfalls gespiegelt, also zweimal sichtbar. Das Umschalten des Vektorskops auf die NTSC-Einstellung macht die Darstellung insofern übersichtlicher, dass hier die Werte nicht gespiegelt dargestellt werden, also Burst und Farbaussteuerungen nur noch einmal dargestellt werden.)
Am Waveformmonitor lässt sich zwar überprüfen, ob die Chrominanzpegel normgerecht sind, nicht jedoch, ob die Farben auch die richtige Färbung (Farborte) haben. Diese Überprüfung kann mit dem Vektorskop erfolgen. Es muss aber zunächst auf den richtigen Farbbalken eingestellt werden: 100/100 oder 100/75. Dazu gibt es im Monitorbild beim Burst eine Markierung (100% oder 75%) und einen Umschalter im Bedienfeld für den richtigen Wert. Wenn nun das Vektorskop richtig eingestellt ist, sollten die Farborte in den vorgegebenen Referenz-Markierungen angezeigt werden. Eine Verschiebung nach rechts oder links (gegenüber einer gedachten Linie zwischen Mittelpunkt des Vektorskops und dem Farb-Sollpunkt) bedeutet eine falsche Färbung, eine Verschiebung der Farborte nach innen oder außen (gegenüber dem Mittelpunkt des Vektorskops) bedeutet einen falschen Chrominanzpegel (Farbpegel), dieses sollte auch im Waveformmonitor erkennbar sein.

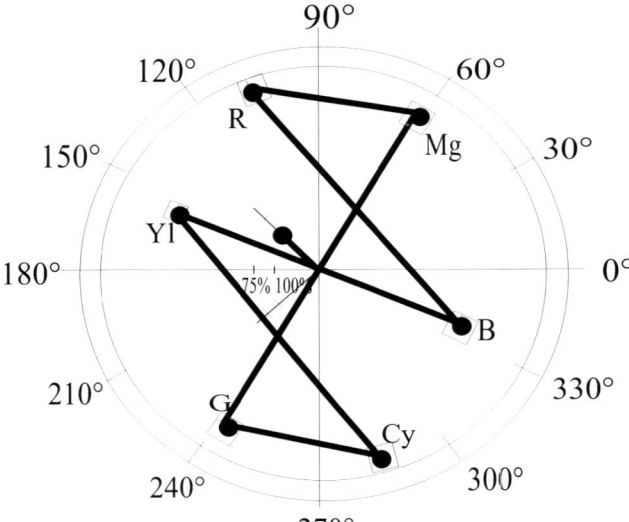

Vektorskopdarstellung eines 100/100 Farbbalkens

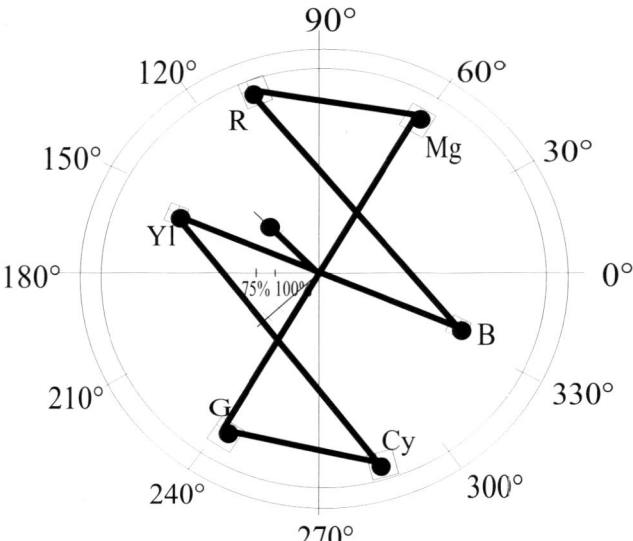

Vektorskopdarstellung eines 100/75 Farbbalkens

Bis auf den Burst sehen hier beide Farbbalken gleich aus. Tatsächlich hat sich aber nicht der Burst verändert, sondern durch das Umschalten des Vektorskops auf den jeweiligen Farbbalken wird der Maßstab der Darstellung verändert. Dadurch wird erreicht, dass die Farborte beider Farbbalken (wenn sie normgerecht sind), in den vorgegebenen Referenz-Markierungen abgebildet werden. (Natürlich kann man sich auch einen 100/75 Farbbalken in der 100/100 Einstellung ansehen, dann würden die Farborte jedoch wesentlich näher am Mittelpunkt abgebildet. Aber man stellt dabei fest, dass der 100/100 und der 100/75 Burst identisch sind.)

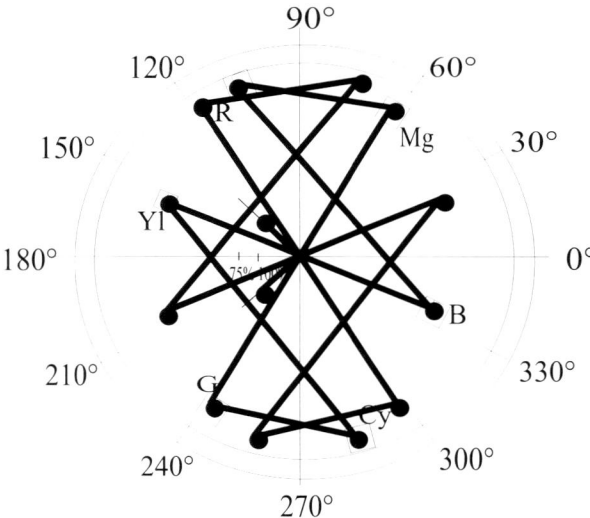

So sieht die Farbbalkendarstellung in der PAL-Einstellung des Vektorskops aus: Die verschiedenen Phasenlagen des Farbsignals werden gleichzeitig dargestellt. Übersichtlicher ist insofern die NTSC-Einstellung am Vektorskop, die nur eine Phasenlage darstellt (siehe obige Grafiken).

Histogramm

Eine weitere Möglichkeit der Bildmessung bietet das Histogramm. Hier wird die statistische Verteilung der Helligkeit der einzelnen Bildpunkte als Balkendiagramm dargestellt. Auf der waagerechten Achse werden von links nach rechts die Helligkeitswerte von Schwarz bis Weiß dargestellt, die Vertikale wird durch die Anzahl der Bildpunkte, die dem jeweiligen Helligkeitswert entsprechen, gebildet. Somit lässt sich erkennen, wie gleichmäßig die Belichtung eines Bildes ist, bzw. inwieweit die dunklen oder hellen Anteile eines Bildes überwiegen. Sind die Werte auf der linken

Seite des Diagramms konzentriert, dann ist das Bild unterbelichtet, sind sie auf der rechten Seite konzentriert, dann ist es überbelichtet, jedenfalls soweit es sich um ein Motiv mit normaler Helligkeit und normalem Kontrast handelt. (Grundsätzlich ist es bei Video wichtig, den möglichen Kontrastumfang von 100% BA weitgehend auszunutzen, da Röhrenmonitore beispielsweise die unangenehme Eigenschaft haben können, bei unzureichendem Weißpegel die Gesamthelligkeit des Bildes anzuheben und somit dann das Schwarz nicht mehr gesättigt ist.) Im Gegensatz zum Waveformmonitor lässt sich die Position der einzelnen Bildpunkte allerdings nicht mehr erschließen. Das Histogramm kann auch für die einzelnen RGB-Anteile getrennt dargestellt werden. Üblicherweise werden Histogramme im Fotobereich verwendet.

Für das obige Landschaftsfoto sieht das Histogramm so aus:

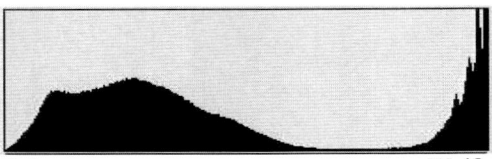

Schwarz   Weiß

Histogramm Landschaftsfoto

Bei einem Farbbalken sieht ein Histogramm recht unspektakulär aus, da es ja nur genau acht Grauwerte gibt.

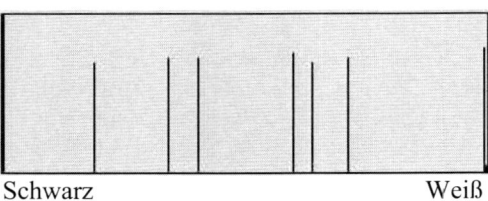

Schwarz   Weiß

Histogramm Farbbalken

Kameratechnik

Bildwandler

Der Bildwandler einer Kamera hat die Aufgabe, die einfallende Lichtenergie in eine elektrische Spannung umzuwandeln. Dazu gibt es mehrere mögliche Verfahren:

Bis etwa Mitte der achtziger Jahre waren Video- und Fernsehkameras mit Bildröhren ausgestattet. Durch Lichteinwirkung werden hier in einer Bleimonoxid- (Plumbicon) oder Selen- (Saticon) Speicherschicht positive Ladungen erzeugt, die beim Auftreffen eines Elektronenstrahls entladen, also zum Fließen gebracht werden.

Heute werden für Video- und Fernsehzwecke fast ausschließlich CCD-Bildwandler (Charge Coupled Device) oder CMOS-Sensoren eingesetzt. Solche Bildwandler besteht aus mehreren hunderttausend einzelnen lichtempfindlichen Halbleitern, die Pixel genannt werden. Das durch das Objektiv projizierte Bild erzeugt in jedem einzelnen Pixel eine Ladung, die nach 1/50 Sekunde abgebaut und weitergeleitet wird.

Derzeit gibt es drei unterschiedliche CCD-Typen:

IT-CCD (Interline-Transfer-CCD)

Zunächst wird in der lichtempfindlichen Schicht des Pixels eine Ladung erzeugt. Diese wird in einen im Pixel ebenfalls vorhandenen Speicher verschoben. Da diese Speicher gleichfalls lichtempfindlich sind, müssen sie gegen Lichteinfall geschützt sein. Die Speicher sind vertikal miteinander verbunden und werden "Shiftregister" genannt. Die Ladungen werden nun getrennt einzeln nach unten verschoben in ein horizontales Shiftregister. Dort entsteht dabei ein kontinuierlicher Stromfluss, der dem zeilenweisen Aufbau des Bildes entspricht. Da die CCDs nicht halbbildweise gesteuert werden können, also das für das erste Halbbild nur die Zeilen 1,3,5,7 etc. und für das zweite Halbbild die Zeilen 2,4,6,8 etc. Gelesen werden können, werden Informationen zusammengefasst (Field-Read-Modus): die erste Zeile des ersten Halbbildes wird aus den Pixelzeilen 1 und 2 summiert, die Zweite aus den Pixelzeilen 3 und 4 usw., beim zweiten Halbbild wird die erste Zeile aus den Pixelzeilen 2 und 3, die zweite aus den Pixelzeilen 4 und 5 summiert usw. Das hat dabei den Vorteil einer höheren Lichtausbeute, vermindert aber die Auflösung.

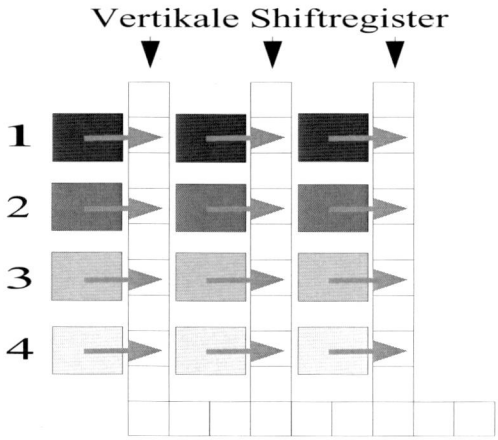

1. Verschieben der Ladung aus der lichtempfindlichen Schicht in die vertikalen Shiftregister

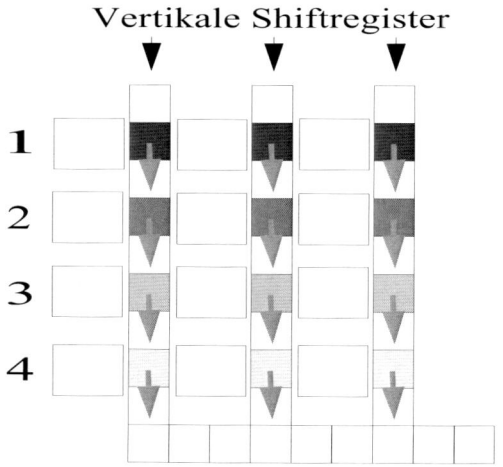

2. Verschieben der Ladungen in den vertikalen Shiftregistern

Vertikale Shiftregister

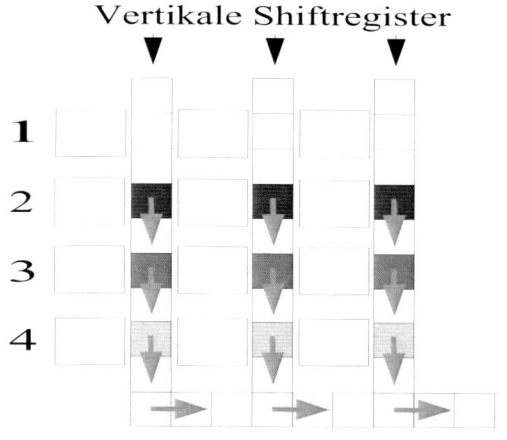

Horizontales Shiftregister

3. Verschieben der Ladungen aus den vertikalen Shiftregistern in das horizontale Shiftregister.

FIT-CCD (Frame-Interline-Transfer-CCD)
Der FIT-CCD ist ähnlich aufgebaut wie der IT-CCD, hat jedoch neben dem lichtempfindlichen Bereich einen zusätzlichen lichtgeschützten Bildspeicher, in den Ladungen zunächst geschoben werden. Dadurch verringert sich die Anfälligkeit gegenüber dem Smear-Effekt, der bei IT-CCDs gelegentlich sichtbar ist: Kleine helle Lichtpunkte im Bild verursachen einen vertikalen Lichtstreifen. Der starke Ladungsüberschuss eines Pixels kann im vertikalen Shiftregister nicht mehr vollständig abgeschottet werden. Bei FIT-CCDs wird die Ladung schneller in die zusätzlichen Speicherzonen abtransportiert, somit tritt der Smear-Effekt erst bei einer punktuell höheren Überbelichtung (ca. 10 Blendenwerte) ein.

FT-CCD (Frame-Transfer-CCD)
Die FT-CCDs haben genau genommen keine einzelnen Pixel. Hier werden vertikale lichtempfindliche Streifen verwendet, die über die ganze Bildhöhe gehen. Um einzelne Bildpunkte zu erzeugen, werden über diese vertikalen Streifen horizontale lichtdurchlässige Taktelektroden gelegt, die durch ein hohes negatives Sperrpotential die Ladungen der vertikalen "Bildpunkte" voneinander abschotten und gleichzeitig als Ladungssammelzonen fungieren. Da die lichtdurchlässigen Taktelektroden doch einen Teil des Lichts absorbieren, also nicht alles bis zur lichtdurchlässigen Schicht durchlassen, sind CCDs diesen Typs etwa 1 Blende unempfindlicher als zeitgleich hergestellte IT- und FIT-CCDs. Das liegt auch daran, dass die

103

lichtempfindlichen Zonen während des Auslesevorgangs vor Lichteinfall geschützt werden müssen. Dieses geschieht durch eine rotierende Flügelblende, die nach jedem Halbbild die CCDs verdeckt. Dadurch verkürzt sich die Ladungssammelzeit für die Pixel von 1/50 Sekunde auf 1/63 Sekunde.

Zur Verbesserung der Lichtempfindlichkeit wird häufig das "Lens on Chip"-Verfahren eingesetzt. Dabei fokussieren kleine Linsen auf jedem Pixel das Licht auf die lichtempfindliche Schicht, die ja nur einen Teilbereich der Pixelfläche einnimmt.

Unabhängig vom CCD-Typ werden die Bildwandler in verschiedenen Größen gebaut: Gängig sind CCDs mit 2/3" (= 8,8 x 6,6 mm), 1/2" (= 6,4 x 4,8 mm), 1/3" (= 4,4 x 3,3 mm), 1/4" (= 3,2 x 2,4 mm) Diagonale ("=Zoll = 2,54 cm). Eine Vergrößerung des Aufnahmeformats (Target) hat, anders als bei Filmmaterial, keine Erhöhung der Bildauflösung zur Folge, denn die Anzahl der Pixel (575 x 720) bleibt ja gleich. Aber auf der größeren CCD-Fläche können größere Pixel verwendet werden, die dann jeweils mehr Lichtenergie erhalten. Somit sind größere CCDs lichtempfindlicher, die Blende muss nicht so weit geöffnet werden und die Schärfentiefe kann somit erhöht werden. Der Nachteil ist, dass damit auch das Objektiv einen größeren Durchmesser, also größere Linsen haben muss, somit aufwändiger zu bauen ist und ein höheres Gewicht hat. Die Größe des Targets bestimmt auch die 'Normalbrennweite' eines dazugehörigen Objektivs, also eine Brennweite, die einen Bildausschnitt ergibt, der der normalen menschlichen Sichtweise ähnelt. Für ein 2/3 Zoll Target beträgt die Normalbrennweite 22 mm, bei einem 1/2 Zoll-Target sind es 16 mm, bei einem 1/3 Zoll-Target 11mm und bei einem 1/4 Zoll-Target 8 mm. (Zum Vergleich: Bei einem Fotoapparat mit 24x36 mm Format liegt die Normalbrennweite bei 43 mm.) Grundsätzlich weist also ein größeres Target Objektive mit längeren Brennweiten auf (- um die gleiche Bildeinstellung zu erhalten). Längere Brennweiten vermindern die Schärfentiefe, das bedeutet, dass kleinere Bildwandler (bei gleicher Pixelanzahl, Lichtempfindlichkeit und Blendeneinstellung) bauartbedingt eine höhere Schärfentiefe aufweisen als größere. In der Praxis ist es somit mit einem 1/4" oder 1/3" Bildwandler schwieriger, selektive Unschärfen zu erzeugen, als mit einem professionellen 2/3" Bildwandler (siehe auch: Optik).

Wichtig ist die Anzahl der CCDs in einer Kamera. Ein CCD kann nur die auf ihn auftreffende Lichtmenge in ein elektrisches Signal wandeln, nicht jedoch die Farbzusammensetzung. Es müssen also Filter eingebaut werden, die nur einen einzelnen Farbauszug aus der gesamten Bildinformation auf die Pixel treffen lassen. Broadcast-Kameras verwenden dafür Prismen (seltener: dichroitische Spiegel), die das Licht in rote, grüne und blaue Farbanteile trennen und diese dann jeweils auf einen separaten CCD leiten. Somit sind in Broadcast-Kameras immer drei CCDs eingebaut um ein unreduziertes RGB-Signal zu erhalten.

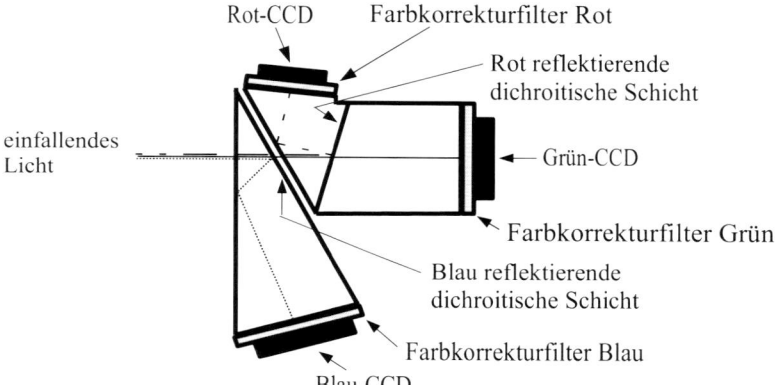

Prismen und Strahlengang bei einer 3-CCD-Kamera

Die Bildauflösung von 3-CCD-Chips wird durch das "Pixelshift"-Verfahren verbessert. Der CCD für den Grünanteil ist dabei um die halbe Pixelbreite versetzt, um die Auflösung des Bildes auf dem Target zu erhöhen. Somit existiert bei 3-CCD-Kameras anfänglich also (beim PAL-Verfahren) eine Auflösung von 1150 Zeilen, die dann in die üblichen 575 Zeilen verrechnet werden

Bei HDTV-Kameras gibt es sogar Exemplare mit 4 CCDs (RGGB), das heißt, es gibt neben dem Rot- und dem Blau-CCD zwei CCDs für das Grünsignal, die mittels des Pixelshift-Verfahrens um eine halbe Pixelbreite versetzt sind.. (Das bildschärfebestimmende Y-Signal setzt sich zusammen aus 30% Rotanteil, 59% Grünanteil und 11% Blauanteil, der CCD für das Grünsignal hat also den größten Anteil am Y-Signal.)
Eine andere Bauweise für HDTV-Kameras ist inzwischen allerdings wieder die Verwendung von nur einem CCD, der dann allerdings sehr groß ist und eine sehr hohe Anzahl von Pixeln aufweist, derzeit bis zu 12 Megapixel. Dabei werden Streifenfilter auf dem CCD verwendet, so dass nebeneinander liegende Pixel jeweils für eine andere Farbe zuständig sind. Der Vorteil ist, dass es bei diesem Verfahren nur eine Bildebene gibt, so dass Schärfenprobleme die bei Verwendung von Prismen in hochauflösenden Systemen entstehen, vermieden werden. Zudem wird es so möglich, Objektive von Filmkameras zu verwenden.

Einfache Konsumer-Kameras verwenden ebenfalls nur einen CCD mit Streifenfilter (0,4 bis 1,5 Megapixel Auflösung und Targetgrößen von 1/6" bis zu 1/4"). (Philips hat übrigens für gehobene Konsumer-Ansprüche auch einmal eine S-VHS-Kamera mit 2 CCDs herausgebracht, aber die konnte sich auf dem Markt nicht durchsetzen.)

CMOS-Bildwandler
Eine alternative Technik zu den CCD-Chips sind CMOS-Sensoren (Complementary Metal Oxide Semiconductors). Auch hier wird in den einzelnen Pixeln das Licht durch Photodioden in elektrische Ladungen umgewandelt. Jeder Pixel enthält jedoch zusätzlich eine Transistorschaltung, die die Ladungen in elektrische Spannungen umwandelt. In jedem einzelnen Pixel kann nun zusätzlich sogar eine Vorverstärkung und eine A/D-Wandlung stattfinden ("aktive Pixel"). Im Gegensatz zu CCD-Chips kann bei CMOS-Sensoren jeder Pixel separat ausgelesen und auch angesteuert werden. Vorteilhaft an der CMOS-Technik sind ein verbesserter Rauschabstand, eine bessere Unterdrückung von Smear-Effekten, sowie niedrigere Produktionskosten. Nachteilig ist, ein stärkeres Fixed-Pattern-Noise (ein stetiges Muster im Gesamtbild, das wie eingefrorenes Rauschen aussieht, entstehend durch geringfügige Abweichungen bei der Herstellung der einzelnen Pixel) als bei CCD-Chips und dass aufgrund des höheren elektronischen Aufwandes die lichtempfindliche Fläche vergleichsweise klein gegenüber der gesamten Pixelfläche ist. Das kann jedoch durch das Lens-on-chip-Verfahren kompensiert werden. Inzwischen werden auch CMOS-Sensoren gebaut, die die gleiche Target-Größe (Bildfeldgröße) aufweisen wie 35mm-Kameras, so dass die gleichen Objektive verwendet werden können.

Auflösung
Die Auflösung bezeichnet die Genauigkeit, mit der ein Bild in ein Signal verwandelt werden kann. Dabei ist zwischen der vertikalen und der horizontalen Auflösung zu unterscheiden. Gemessen wird die Auflösung mit einem Linientestmuster, bei dem abwechselnd weiße und schwarze Linien dargestellt werden.
Die vertikale Auflösung ist je nach Fernsehsystem vorgegeben, sie beträgt theoretisch 575 Zeilen bei PAL, 485 Zeilen bei NTSC und 1080 Zeilen beim HDTV-System. Diese Werte lassen sich aber nur dann erreichen, wenn die Abbildung der Linien genau auf den Zeilen der CCDs stattfindet. In der Praxis ist das nicht so, sondern die CCD-Zeilen werden durch das Bildmuster zum Teil nur gestreift und dabei interpoliert. Daher wurde der Kell-Faktor eingeführt, bei dem experimentell ermittelt wurde, dass bei zwei Rastern (in diesem Fall: Testmuster und CCD) mit gleicher Zeilenanzahl, in beliebiger Lage der Raster zueinander, zumindest etwa 64% der Linien

wiedergegeben werden können. Man spricht dabei vom Kell-Faktor 0,64, das heißt, ein CCD mit 575 Zeilen kann eigentlich nur etwa 370 Zeilen wiedergeben. Heute ist aber die Bauweise von CCDs und nachfolgender Elektronik soweit ausgereift, das eine Auflösung von etwa 460 Linien (= Faktor 0,8) erreicht wird. Sofern eine Kamera über den Frame-Reset-Modus (auch: Super-Vertikal-Mode oder EVDS) verfügt, lässt sich die vertikale Auflösung nochmals auf etwa 520 Linien steigern, allerdings bei Halbierung der Lichtempfindlichkeit. In diesem Modus werden die Zeilen einzeln ausgelesen, aber nicht summiert wie beim Field-Read-Modus (s.o.), sondern nur die Ladung jeder zweiten Zeile wird weitergeleitet. Die Ladungen der anderen Zeilen werden vernichtet.

Etwas anders ist es bei der horizontalen Auflösung: Im Prinzip steht es dem Kamerahersteller frei, wie viele Pixel sich in einer CCD-Zeile befinden, solange jede Zeile in 52 µsec ausgelesen wird. Bei Broadcast-Kameras wird heute etwa eine horizontale Auflösung von 800 Linien (=7,69 MHz) erreicht. Auch wenn diese hohe Auflösung im PAL-Standard weder aufgezeichnet noch gesendet werden kann, ist sie von Vorteil, damit das Signal bis 5 MHz eine möglichst hohe Modulationstiefe aufweist. Die Modulationstiefe besagt, wieviel Prozent der möglichen Signalamplitude tatsächlich erreicht werden. Am Beispiel von schwarz-weißen Testbalken bedeutet das, Weiß sollte 100 % der Bildamplitude erreichen, Schwarz 0%. Je feiner die schwarz-weißen Linien jedoch werden, desto ungenauer kann die Kamera, Film- oder Videoaufzeichnung diese Linien auflösen, bis sie schließlich verschwimmen. Es entsteht schließlich eine graue Fläche, die dann 0 % Modulationstiefe hat. (Das Grau liegt dann zwar bei 50 % Bildamplitude, moduliert das Signal aber nicht mehr.) Mit Hilfe der Modulationstiefe können Angaben über die objektive Schärfe und die Kantenkorrektur gemacht werden.

Ein weiteres Phänomen, der Aliaseffekt, hängt eng mit der Auflösung zusammen: Das Nyquist-Theorem besagt, dass für eine originalgetreue Wiedergabe die Abtastrate immer mindestens doppelt so hoch sein muss, wie die höchste rezipierbare Frequenz. Daher werden Audio-CDs mit einer Abtastfrequenz von 44,1 kHz erstellt, denn die menschliche Wahrnehmung verarbeitet Frequenzen bis etwa 18 kHz. Das Nyquist-Theorem lässt sich auch auf optische Darstellungen anwenden: Ein CCD-Chip bildet ein Raster mit 576 x 720 Linien. Wenn damit nun ein anderes, nicht deckungsgleiches Raster, das die Hälfte dieser Auflösung übersteigt, abgebildet werden soll, dann kann es sein, dass nicht nur einige Linien nicht abgebildet werden (siehe oben), sondern auch, dass die Überlagerung von Linien des Objektes mit dem CCD-Raster zu der Darstellung eines eigentlich nicht vorhandenen

Musters führt. Das bekannteste Beispiel dafür ist das Fischgrätenmuster bei Anzügen, die dann plötzlich in allen Farben schillern. Mit dem Pixelshift-Verfahren (siehe oben) kann auch der Aliaseffekt vermindert werden.

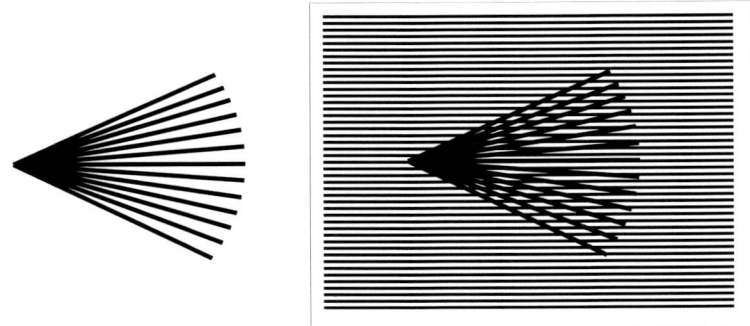

Aliaseffekt: Abbilden eines Musters in einem Zeilenraster

Störabstand / Lichtempfindlichkeit

Wie in jeder elektronischen Schaltung gibt es auch bei Kameras ungewollte und ungerichtete Elektronenbewegungen. Ursachen dafür sind unter anderem nicht-abtransportierte Ladungen in CCDs (Light Shot Noise), der nicht völlig homogene Aufbau der CCDs (Fixed-Pattern-Noise) und die notwendige Vorverstärkung des Signals. Dadurch entsteht ein 'Rauschen' im Bildsignal. Solange dieses Rauschen ein bestimmtes Maß nicht überschreitet, ist es unkritisch, das heißt, für die Wahrnehmung nicht störend. Broadcast-Kameras haben einen Rauschabstand von etwa 60 dB, d.h. der Störpegel beträgt nur 1/1000 vom Nutzsignal. (Das betrifft jedoch nur den Kamerakopf, die weitere Verarbeitung des Signals durch Aufzeichnung, Wandlung und Bearbeitung etc. bedeutet weitere Verluste.) Die unterste Grenze für ein fernsehtaugliches Signal beträgt 40 dB.

Der Störabstand hängt eng mit der Lichtempfindlichkeit der Kamera zusammen. Die Lichtempfindlichkeit wird mit folgendem Verfahren ermittelt: Eine weiße Fläche (mit 89% Remission, also Zurückstrahlung des Lichts) wird mit 2000 Lux beleuchtet. Nun wird die Blendenöffnung ermittelt, mit der man 100% Bildsignal (Bildamplitude) erhält und gleichzeitig einen Störabstand von etwa 60 dB einhält. (Bei Kameras älteren Typs waren zum Teil nur 55 dB gefordert.) Bei modernen Kameras liegt die Lichtempfindlichkeit bei Blende 8 bis 11.

Gain

Die Lichtempfindlichkeit einer Kamera lässt sich durch die 'Gain'-Schaltung verstärken. Üblich sind dabei dB-Schritte von +6, +9, +12, +18 dB, sowie extreme Schaltungen mit bis zu +36 dB. +6 dB entspricht dabei einer Verdoppelung der Empfindlichkeit, also eine Blende offener, +12 dB einer Vervierfachung, also zwei Blenden offener.

Leider nimmt beim Einsatz des Gains das Rauschen in gleichem Maß zu. Wenn also eine Kamera einen Störabstand von 60 dB hat, reduziert sich der Störabstand bei einer Gainschaltung von +6 dB auf nur noch 54 dB. Somit wäre ein Gain von +18 dB das maximal Zulässige, um den geforderten Mindeststörabstand von 40 dB einhalten zu können. Das Rauschen ist dann aber schon deutlich zu sehen und die Aufzeichnung / Nachbearbeitung fügen noch weiteres Rauschen hinzu. Mit einem Gain von +18 dB handelt man sich höchstwahrscheinlich Ärger ein. Ein Gain von +6 dB ist in den meisten Fällen unproblematisch.

Die Gainschaltung bietet oft auch einen Wert von -3 dB an, mit dem Lichtempfindlichkeit gesenkt werden kann, z.B. um eine geringere Schärfentiefe zu erhalten oder den Rauschabstand für eine aufwendige Nachbearbeitung zu erhöhen.

Für die Gain-Einstellung findet sich an den Kameras ein Schalter bei dem zwischen 'Gain-Off', 'Mid-Gain' und 'High-Gain' gewählt werden kann. Die dB-Werte für Mid und High werden dabei in einem internen Menü festgelegt.

Bedienelemente am Kamerakopf Ikegami HC 400

Weißabgleich (White Balance)

Licht weist nicht nur unterschiedliche Helligkeiten auf, sondern jede Lichtquelle strahlt auch mit ihrer eigenen 'Farbe', das heißt, eine Lichtquelle sendet ein Spektrum von Lichtwellen mit verschiedenen Wellenlängen aus. Die für das Auge sichtbaren Wellen liegen in dem Bereich 0,38 µm (Violett) bis 0,78 µm (Rot). Weißes Licht entsteht durch Überlagerung mehrerer

Wellenlängen. Da die Angaben von Wellenlängen zur Farbbestimmung in der Praxis nur schwer handhabbar ist, wurde ein Vergleichswert eingeführt: die **Farbtemperatur**. Diese wird durch Erhitzen eines Objekts aus schwarzem Kohlenstoff gemessen, das beim Glühen je nach Temperatur Licht mit unterschiedlichen Wellenlängen produziert. Damit lässt sich nun jeder 'Lichtfarbe' eine Temperatur zuordnen. Die Maßeinheit dafür ist Kelvin (= K). (Kelvin hat die gleiche Gradeinteilung wie Celsius, der Nullpunkt bei Kelvin entspricht jedoch -273 Grad Celsius. Diese Temperatur wird auch als der 'absolute' Nullpunkt bezeichnet, da dort keine Molekülbewegung mehr stattfindet.)

Einige wichtige Kelvin-Werte sind:

Kerzenlicht	1.500 K
60 Watt Haushaltsbirne	2.600 K
100 Watt Haushaltsbirne	2.865 K
Studio-Kunstlicht (Tungsten)	3.200 K
Niedervoltlampen	3.400 K
HMI-Tageslichtleuchten	5.600 K
Sonnenlicht 10% über dem Horizont	3.500 K
Sonnenlicht 30% über dem Horizont	4.500 K
Mittagssonne bei bedecktem Himmel	5.800 K
Mittagssonne bei klarem Himmel	6.000 K
Bedeckter Himmel	7.000 K
Indirektes Licht bei klarem Himmel	10.000 K (bis 18.000 K)

Während sich das menschliche Auge relativ schnell an Lichtverhältnisse gewöhnt, sowohl was Helligkeit, als auch die spektrale Zusammensetzung (Farbe) des Lichts betrifft, ist eine Videokamera bauartbedingt auf nur eine spektrale Lichtzusammensetzung ausgerichtet. Diese liegt bei 3200 K. Anderen Lichtverhältnissen muss die Kamera angepasst werden. Eine Möglichkeit dazu sind optische Filter, die entweder vor das Objektiv gesetzt werden oder vor den CCDs eingeschwenkt werden. Bei Broadcast-Kameras ist dazu ein Filterrad vor den CCDs eingebaut, das zumeist vier Möglichkeiten anbietet:

– Keine Konvertierung, also Beibehaltung des Kamera-Standardwertes von 3200 K. (Damit die Lichtbrechung und somit die Schärfeleistung beibehalten werden kann, wird bei dieser Filterstellung eine farblose Linse verwandt.)
– Konvertierung von Tageslicht (5600 K) auf 3200 K. Die verwendete orange Konvertierungslinse "schluckt" eine 2/3 Blende an Helligkeit.
– Konvertierung von Tageslicht (5600 K) auf 3200 K bei gleichzeitiger starker Lichtdämpfung durch einen ND-Filter (ND = Neutral Density,

farbneutraler Graufilter). Gängig sind dabei heute Werte von 1/8 Lichtdurchlässigkeit (= 3 Blendenstufen, bzw. 0,9 ND) und 1/64 (= 6 Blendenstufen, bzw. 1,8 ND).

Eine feinere Abstimmung auf die spektrale Zusammensetzung gegebener Lichtsituationen bietet der elektronische Weißabgleich. Hierbei werden die Anteile der einzelnen RGB-Signale am Gesamtsignal verändert, z.B. wird bei vorherrschendem 'blauen' Licht der prozentuale Anteil des B-Signals herabgesetzt.

Durchgeführt wird der Weißabgleich, indem die Kamera bildfüllend auf eine weiße Referenzfläche gerichtet und so belichtet wird, dass sich eine Bildamplitude von etwa 90% ergibt. (Überstrahlungen sind zu vermeiden, da andere elektronische Schaltungen in der Kamera sonst den Wert verfälschen können.)

Nun gibt es zwei Möglichkeiten für den Weißabgleich:

– automatisch: An der Kamera wird jetzt der Schalter 'WB' kurz gedrückt und die Kamera ermittelt selbsttätig die notwendige Zusammensetzung des RGB-Signals um ein Weiß darzustellen.

– manuell: An einer CCU (= Camera Control Unit, unverzichtbare Fernbedienung bei Mehr-Kamera-Studioaufnahmen) können die Werte manuell an RGB- oder Y/R-Y/B-Y-Reglern eingestellt und mit der Anzeige eines Vektorskops verglichen werden.

Eine Überprüfung des Weißabgleichs im Schwarz-Weiß-Sucher ist möglich, wenn die Kamera mit CTDM-Playback ausgestattet ist: Beide komprimierte Darstellungen im CTDM-Playback müssen dann die gleiche Helligkeit (Weiß) aufweisen.

Der oben genannte automatische Weißabgleich ist nicht mit dem automatischen Weißabgleich an Consumer-Kameras zu verwechseln. Bei diesen gibt es an der Kamera einen Sensor, der permanent die spektrale Lichtzusammensetzung misst und beeinflusst. Häufig bieten diese Kameras aber Festwerte für Kunstlicht und Tageslicht, sowie einen 'manuellen' Weißabgleich an, der genauso durchgeführt wird, wie der 'automatische' an einer Broadcast-Kamera.

Moderne Kameras können ohne Tageslicht-Konversionsfilter Werte bis etwa 6000 K, mit Filter bis 20000 K abgleichen.

Mit einem Weißabgleich können auch Farbstimmungen erzeugt werden, wenn nicht Weiß, sondern die Komplementärfarbe der gewünschten Stimmung für einen Abgleich verwendet wird.

Bei einer Broadcast-Kamera gibt es zwei Speicherplätze für automatische Weißabgleiche, sowie einen Festwert (AWB-Off) mit 3200 K (der gegebenenfalls mit dem Filterrad auf 5600 K konvertiert werden kann). Die

Benutzung des Festwertes ist sinnvoll, wenn eine farbige Lichtstimmung wiedergegeben werden soll, bzw. gar kein Weißabgleich möglich ist, z.B. in einer Diskothek.

Schwarzwert

Auch wenn Schwarz als optische Information bedeutet, dass für die Kamera kein Licht, also "nichts" vorhanden ist, muss dieser Wert doch mit einer elektrischen Spannung dargestellt werden (ca. 0,3 Volt). Wesentlich ist dabei, dass alle drei CCDs auch tatsächlich diesen Schwarzwert abgeben. Die einzelnen CCD-Werte für Schwarz können aber, insbesondere bei Kameras mit analogen Verstärker-Schaltungen, leicht differieren. Thermische und elektromagnetische Einflüsse, sowie Alterung spielen dabei eine Rolle. Wenn die Werte nicht aufeinander abgeglichen sind, erhält das Schwarz einen Farbstich. (Wie das aussieht, lässt sich einfach mit einem Farbkorrektor darstellen.) Zur Kompensation dieses Problems gibt es an Broadcast-Kameras einen BB- (Black-Balance-) Schalter. Dieser ist zumeist mit dem White-Balance-Schalter kombiniert (WB = nach oben drücken, BB = nach unten drücken). Beim Betätigen des BB-Schalters schließt sich die Blende, so dass kein Licht mehr auf die CCDs fällt und die RGB-Schwarzwerte werden automatisch einander angeglichen. Je nach Kamera wird dieser Abgleich zusätzlich auch für mehrere Gain-Werte durchgeführt.

Für Gain-Einstellungen an der Kamera ist zugleich wichtig, dass die eingestellten Gain-Werte eine Kompensation des Schwarzwertes erfordern, sonst würde ja z.B. bei einem +9 Gain der Schwarzwert ebenfalls um diesen Wert angehoben, also zu einem Dunkelgrau werden. Dieser Gain-Kompensationswert nennt sich **Blackset.** Diese Einstellung ist jedoch nicht von außen an der Kamera möglich (bzw. nur über ein Menü) und sollte nicht ohne Messgerät durchgeführt werden.

Ebenso verhält es sich mit den weiteren Einstellungen:

Blackshading: Aufgrund unterschiedlicher Schichtdicke bei den CCD-Beschichtungen entstehen unterschiedlich große Schwarzströme. In einem Waveformmonitor ist das daran zu erkennen, dass das Schwarzsignal nicht parallel zur Nulllinie ist, sondern leicht ansteigt. Diese Einstellung muss separat für die einzelnen RGB-Werte erfolgen.

Pedestal ist die Einstellung des Schwarzwertes im Videosignal, also welchen Spannungswert das Schwarz in der Bildamplitude hat. Bei PAL wird eine Einstellung von 2 – 3 % Bildamplitude gewählt. Bei NTSC sind es 0 %.

Blackstretch verändert das Kontrastverhältnis in dunklen Bildbereichen und lässt sich mit einer Graustufen-Testtafel einstellen.

112

Flare: Aufgrund von Reflektionen (aber auch Verschmutzungen) entsteht in Kamera-Objektiven Streulicht, das dazu führt, dass schwarze Bildflächen in kontrastreichen Bildern von Helligkeit überlagert werden. Um diesen Effekt zu kompensieren, sind Broadcast-Objektive mit einem Interface ausgestattet, das die Kenndaten an die Kamera übermittelt, die unter anderem zur Flare-Kompensation verwendet werden. (Der Flare-Effekt, wenn gewünscht, kann auch mittels eines Low-Contrast-Filters erzeugt werden. In den Filter sind Partikel eingebaut, die für eine definierte Lichtstreuung sorgen.)

Kontrast

Eine direkte Übertragung der CCD-Ströme auf das Videosignal wäre unbefriedigend, die gegebenen 0,7 Volt für die Bildamplitude ergäben einen zu geringen Kontrastumfang, die Bilder wären nur mit einem sehr geringen Bereich von optimaler Belichtung darstellbar. Daher muss mit elektronischen Schaltungen der Kontrastumfang erweitert werden und für eine befriedigende Wiedergabe die Kontrastkurve verändert werden.

Nach oben hin werden Weißwerte durch ein **Clipping** begrenzt, so dass keine unzulässig hohen Signalströme im Videosignal entstehen können. Das Clipping der Kameraelektronik liegt bei 103 – 115 % BA. Fernsehanstalten begrenzen das Videosignal bei der Sendung aber auf 100 % BA, das entspricht einem Kontrastumfang von 7 Blendenstufen.

Das Gamma (γ) beschreibt dabei die Umsetzung von Graustufen in ein Videosignal, der Weißwert und der Schwarzwert bleiben dabei erhalten. Eingestellt wird mit dem Gamma also eine Anhebung oder Absenkung der Mitteltöne. Der Standardwert von Gamma beträgt 0,45. (Im Prinzip wäre auch eine lineare Übertragung, also ein Gamma von 1, machbar, das Problem liegt aber in der Wiedergabe durch Fernsehröhren, diese weisen ein Gamma von 2,2 auf. Zur Kompensation wird in den Kameras das Gamma reziprok vorverzerrt: $1/2,2 = 0,45$.)

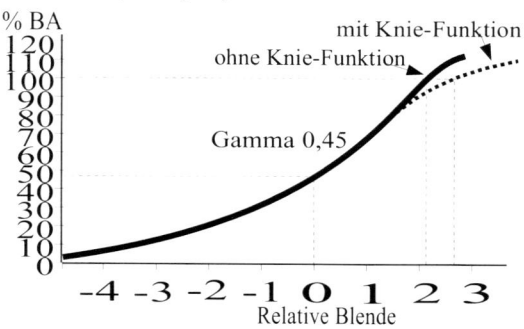

Gammakurve mit und ohne Kniefunktion

Mit der **Kniefunktion** kann oberhalb einer bestimmten Bildamplitude die Signalkurve (Slope / Gradationskurve) abgeflacht werden, so dass je nach Einstellung noch Werte von bis zu 125 % BA verarbeitet werden können. Die Kamerahersteller geben dabei an, dass eine Belichtungskompensation von bis zu 600% (= 2½ Blendenstufen zusätzlich) erreichbar ist. Das bezieht sich allerdings auf den Clipping-Punkt der Kameraelektronik. Die Fernsehsender clippen das Signal aber bereits bei 100%, der erreichbare Gewinn an Kontrastumfang liegt damit dann bei etwa ½ Blende. Da durch diese Komprimierung die einzelnen Kontrastunterschiede vermindert werden, soll dieses nur in den hellen Bereichen, also in den Lichtern stattfinden, nicht jedoch in Hauttönen, bzw. Gesichtern. Der Arbeitspunkt der Kniefunktion ist daher normalerweise erst bei 80 % BA angesetzt. Viele Kameras verfügen über ein 'Autoknie' (Autoknee) oder über DCC (Dynamic Contrast Control), das den Arbeitspunkt je nach Motivkontrast verschiebt. Bei gut ausgestatteten Kameras kann der Nutzer den Arbeitspunkt und den Slope (Steigung) selbst einstellen.

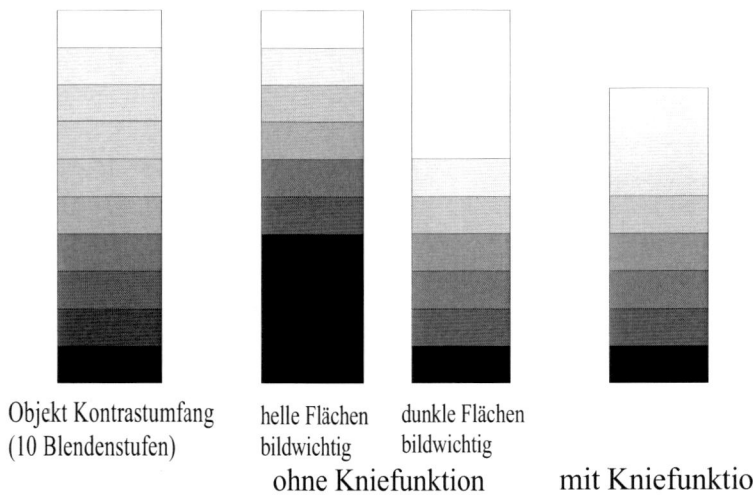

Objekt Kontrastumfang
(10 Blendenstufen)

helle Flächen
bildwichtig

dunkle Flächen
bildwichtig

ohne Kniefunktion   mit Kniefunktion

Verarbeitung des Objektkontrasts in ein Videosignal

Detail

Ein Schärfeeindruck entsteht durch Kontraste an Objektkanten im Bild. Eine Schwarz-Weiß-Kante im Bild ruft eine Spannungsveränderung im Videosignal hervor. Für diese Veränderung brauchen die Wandler allerdings eine kurze Zeit. Das so hergestellte Videosignal würde ohne elektronische Nachbearbeitung einen unzureichenden Schärfeeindruck aufweisen.

Weiß

Schwarz

Originalkante   Videosignalkante

Mit dem **Crispening** wird versucht, die eigentlich erwünschte Kantensteilheit in der Signalkurve wieder herzustellen. Die zunächst entstandene Signalkante wird beim Crispening mit einem Rechtecksignal überlagert, so dass der Verlauf wieder steiler wird, also der Kontrast deutlicher.

Crispening

Ein weiters Verfahren zur Erhöhung der subjektiven Schärfewahrnehmung ist das **Detailing**. Hier werden an Signalsprüngen die Kontraste angehoben, indem an der Schwarzkante eine zusätzliche Signalabschwächung und an der Weißkante eine Signalerhöhung stattfindet.

Detailing

Ein gleichmäßig unscharfes Bild kann also eine Folge von zu geringer Detailing-Einstellung sein. Ein zu starkes Detailing lässt einen reliefartigen Eindruck entstehen.
Bei den meisten Kameras wird das Detailing nur im Grünsignal eingestellt,

da dieses vorwiegend für den Schärfeeindruck verantwortlich ist. Das Detailing kann horizontal und vertikal eingestellt werden, daneben gibt es je nach Kamera zusätzliche Möglichkeiten:

Skin-Detailing: Das Detailing kann für das ganze Bild verändert werden, mit Ausnahme eines bestimmten Farbtons, beispielsweise der Haut.

Soft-Detailing: Vom Detailing-Prozess werden nur feinere Strukturen erfasst, harte Kontraste dagegen weniger verstärkt. Es entsteht nicht so schnell ein überscharfer, reliefartiger Bildeindruck.

Diagonal-Detailing: Zusätzlich zur horizontalen und vertikalen Einstellmöglichkeit.

Slim-Detailing: Die an den Signalsprüngen eingefügten Erhöhungen, bzw. Vertiefungen erhalten eine geringere Breite (Dauer), reliefartige Strukturen entstehen nicht so schnell.

Broadcast-Kameras bieten zudem am Sucher die Möglichkeit, das im Sucher gezeigte Bild mit einer Detailing-Funktion (Picture) schärfer einzustellen.

Belichtung

Das menschliche Auge kann einen wesentlich höheren Kontrastumfang verarbeiten als die Videokamera. Die Belichtung eines Videobildes ist daher fast immer ein Kompromiss zwischen richtig belichteten Bildteilen und unter- oder überbelichteten Teilen. Sofern sich keine Möglichkeit zu einer ausgewogenen Beleuchtung bietet, müssen Kameraleute zwischen bildwichtigen und bildunwichtigen (über- oder unterbelichteten) Bildteilen unterscheiden. Dazu ist zumindest ein professioneller Sucher mit ausreichender Schärfe- und Kontrastleistung erforderlich. Durch falsche Einstellung des Suchers können dort allerdings eventuell noch Strukturen erkennbar sein, die später auf einem Monitor nicht mehr wahrnehmbar sind. (Besonders LCD-Sucher zeigen in dunklen Bildteilen oft mehr Strukturen als ein Röhren-Sucher.) Auch die Anpassung des Auges vom Umgebungslicht an den den Sucher kann ein Problem sein.
Hilfsweise können Kameraleute die automatische Belichtungssteuerung der Kamera nutzen. Die Automatik sollte mit einer gewissen Trägheit versehen sein, sonst verändern bewegte Objekte im Bild oder ein Zoom / Schwenk die Belichtung auffällig schnell. Gute Automatiken bewerten verschiedene Bildteile unterschiedlich, z.B. die Bildmitte stärker als den oberen Bildrand. Dennoch ist eine Automatik immer nur ein Notbehelf, trotz ausgefeilter Bewertungskriterien für die Belichtung weiß eine Automatik nicht, was wirklich bildwichtig ist.

Am sichersten ist eine manuelle Belichtungseinstellung mit Hilfe des "**Zebra**". Das Zebra ist ein Muster aus schraffierten Linien, das in das Sucherbild eingeblendet wird und zwar entweder in einen Bereich mit optimaler Belichtung für Hauttöne (70 % BA) oder in den überbelichteten Bildbereich (oberhalb von 100 % BA).

Das 70 %-Zebra deckt einen Bereich von 65 – 75 % BA ab, das heißt, es wird ab 65 % BA in das Sucherbild eingeblendet und verschwindet wieder ab 75 % BA. Damit ist Haut richtig belichtet, wenn das Zebra an den hellsten Stellen (bei heller Hautfarbe) in einem gut belichteten Gesicht auftaucht. Etwas schwieriger ist allerdings die Schärfeeinstellung im Bereich des Zebras.

Das 100 %-Zebra beginnt bei 100 % BA und zeigt damit alle Bildbereiche an, die bei einer späteren Fernsehsendung geclippt werden würden. Problematisch ist das 100 %-Zebra dann, wenn kein Referenz-Weiß im Bild enthalten ist, also etwa in dunkel gehaltenen Innenräumen mit geringen Belichtungskontrasten.

Die Zebrawerte sind an den meisten Broadcast-Kameras einstellbar und das 70 %-Zebra ist mit dem 100 %-Zebra gleichzeitig einsetzbar.

Der Unterschied zwischen 75 % BA (Verschwinden des 70 %-Zebras) und 100 % BA (Einsetzen des 100 %-Zebras) beträgt etwa eine Blendenstufe, abhängig allerdings von der Einstellung des Autoknie/DCC.

Als weitere Methode zur Belichtungskontrolle bietet sich im Studio der Waveformmonitor an.

Shutter

Der Shutter verändert die Belichtungszeit der Einzelbilder. Die Anzahl der Bilder bleibt dabei konstant bei 50 Halbbildern pro Sekunde. Damit ist bei ausgeschaltetem Shutter vorgegeben, dass jedes Halbbild eine Belichtungszeit von 1/50 Sekunde hat. Wenn jedoch nur ein Teil der Ladung, die im Bildwandlerchip erzeugt wird, ausgelesen wird, ergibt sich damit eine kürzere Belichtungszeit. Üblich sind dabei Zeiten von 1/100, 1/200, 1/500, 1/1000 bis 1/10.000 Sekunde, die damit belichteten Frames werden dann jeweils für 1/50 Sekunde gezeigt. Je kürzer die Belichtungszeit ist, desto weniger Bewegungsunschärfe enthält das einzelne Bild, der Eindruck einer flüssigen Bewegung geht verloren, es entsteht ein Stroboskopeffekt. Manche Bewegungsarten sehen allerdings bei mäßigen Einsatz des Shutters plastischer aus, z.B. Wasserfälle.

Nützlich ist der Shutter zur gezielten Veränderung der Blendenwerte. Eine Halbierung der Belichtungszeit erfordert die Öffnung der Iris um eine Blende.

Unumgänglich ist ein variabler Shutter zum Abfilmen von Computermonitoren, die mit einer anderen Frequenz als Videomonitore

117

arbeiten. Der Shutter muss dafür fein abgestufte Werte von 1/50 bis 1/150 Sekunde anbieten. Ebenso nützlich ist dieses Feature für Dreharbeiten in Ländern, die mit einer anderen Stromfrequenz arbeiten, z.B. die USA mit 60 Hz, so dass das Flackern von Lichtquellen und Videomonitoren ausgeglichen werden kann.

H-Phase / SC-Phase
Im Mehrkamera-Betrieb müssen die Kameras und Bildbearbeitungsgeräte auf den gleichen Takt gebracht werden, um die Videosignale der verschiedenen Kameras störungsfrei aneinander zu schneiden oder überblenden zu können. Die Kameras, Bearbeitungsgeräte, Mixer und Aufzeichnungsgeräte müssen dafür zentral getaktet werden. Dazu wird ein Blackburst-Signal verwendet, dies ist ein FBAS-Signal, es enthält also den Burst und als Bildsignal Schwarz. Das Blackburst-Signal kann von einem zentralen Blackburst-Generator bezogen werden, aber auch von einem eventuell vorhandenen Referenz-Ausgang z.B. des Videomixers. Das Blackburst-Signal wird angeschlossen an den Sync-In Eingang oder den Genlock-In (= Generator-Locking-Device, das ist ein interner Taktgeber, der von aussen synchronisiert werden kann) der jeweiligen Kamera oder des Zuspielers. Zusätzlich muss nun diese Synchronisation fein eingestellt werden, denn bauart- und kabellängenbedingt weicht die Taktung geringfügig voneinander ab.
Die H-Phasen-Einstellung ist für den Feinabgleich der Horizontal-Phase zuständig, das heißt, Austast-, Synchron- und Bildsignal werden gegenüber dem Referenzsignal (Blackburst) zeitlich verschoben. Wenn die H-Phase der beteiligten Kameras oder Zuspieler nicht übereinstimmt, kommt es zum 'H-Ruck', der Bildinhalt ist gegenüber einem Referenzbild oder einem anderen Zuspieler horizontal verschoben. Das lässt sich sehr gut mit einem Wipe-Effekt im Bildmischer überprüfen (- obere Bildhälfte = Referenz, untere Bildhälfte = die einzustellende Kamera). Entscheidend für die Einstellung ist dabei der Beginn der eigentlichen Bildinformation.
Mit der SC-Phase (Subcarrier, dt.: Farbhilfsträger) wird die Phasenlage des Chroma-Signals auf das Referenzsignal abgeglichen. Dazu wird als Testbild der Farbbalken verwendet und die SC-Phase (gegebenenfalls auch der Chroma-Level) so einjustiert, dass das Signal den im Vektorskop vorgegebenen Referenzfeldern entspricht.

Camera Control Unit (CCU)
Insbesondere im Mehr-Kamera-Betrieb ist es sinnvoll, wenn die Bildregie eine Fernbedienung für die einzelnen Kameras zur Verfügung hat. Eine CCU ermöglicht es, über das Kamerakabel, Blende, Shutter, Gain, Weißabgleich, Schwarzabgleich und Kamera-interne Menüs fernzusteuern, um so die Bilder der einzelnen Kameras zentral aufeinander abgleichen zu

können. Zusätzlich bietet die CCU einen Interkom-Anschluss um mit den Kameraleuten kommunizieren zu können. Aber eine CCU hat noch mehr Aufgaben: Sie versorgt die Kameras über das Kamerakabel mit Strom, die H-Phasen und die SC-Phasen der einzelnen Kameras müssen mittels der CCU abgeglichen werden, um harte Schnitte und Überblendungen am Mischpult möglich zu machen. Die CCUs benötigen dafür einen Studiotakt, den sie an die Kameras weitergeben. Da unterschiedliche Kamera-Kabellängen auch unterschiedliche Widerstandswerte für die Signalübertragung bedeuten, muss die CCU auch über eine Kabellängen-Kompensation verfügen. Zur Übertragung wird entweder das analoge 26-polige Kamerakabel oder ein digitales Triax-Kabel verwendet. Im Prinzip ist das Triax-Kabel ein BNC-Kabel, in dem im Frequenzmultiplex Bild-Steuer- und Referenzsignale digital übertragen werden. Zusätzlich hat das Triax-Kabel eine weitere äußere Schirmung, mit der die Stromversorgung erfolgt. Ein Triax-Kabel hat einen deutlich geringeren Durchmesser als ein analoges Kamerakabel, ist wesentlich flexibler und die Übertragungsstrecke kann länger sein. Dafür ist andererseits der technische Aufwand an Kamera und CCU höher.

Optik

Die Optik hat einen großen Einfluss auf die Bildqualität. Einige Parameter sind dabei vom Benutzer abhängig. Zunächst muss das Objektiv mechanisch an die Kamera angepasst werden: Der Anschluss (C-Mount, Ikegami Mount, etc.) weist immer geringe Toleranzen auf, die die Schärfeleistung der Kamera negativ beeinflussen können. Daher muss nach jedem Objektiv-Wechsel oder stärkeren mechanischen Erschütterungen das Auflagemaß geprüft und gegebenenfalls eingestellt werden, sonst verliert die Kamera beim Zoomen in den Weitwinkelbereich die Schärfe. Zum Einstellen wird die Kamera dazu mit ganz geöffneter Blende (Überbelichtungen gegebenenfalls mit ND-Filter oder Shutter kompensieren) auf einen 3-5 m entfernten 'Siemensstern' gerichtet und darauf im Telebereich scharf gestellt. Nun wird die Fixierschraube für die Auflagemaß-Einstellung gelöst und das Objektiv ganz in den Weitwinkelbereich gezoomt. Am Auflagemaß-Einstellring muss jetzt versucht werden, die größtmögliche Schärfe einzustellen. Dieser Vorgang (ranzoomen, Schärfe einstellen, zurückzoomen, Auflagemaß einstellen) sollte mehrmals gemacht werden, da sich die Einstellungen gegenseitig beeinflussen.

Siemensstern

Alle Objektive weisen gewisse Fehler auf, die Lichtbrechungseigenschaften von Linsen sind nur unter großem Aufwand optimierbar und das ist noch am einfachsten bei Fest-Brennweiten machbar. Das Problem verschärft sich bei Zoomobjektiven, bei denen ja je nach Brennweite der Lichteinfall, die Lichtbrechungen und die Reflektionen in ganz unterschiedlicher Weise stattfinden, die Berechnung eines Zoomobjektives stellt also einen Kompromiss für alle Brennweiten dar.

Ein Abbildungsfehler ist die "sphärische Abberation" (auch: Öffnungsfehler), das heißt bei einfachen Linsen mit einer kugelförmigen Oberfläche werden parallel einfallende Lichtstrahlen nicht genau auf einen Brennpunkt konzentriert. Die Abbildung ist zwar scharf, aber weich. Neuere Objektive verwenden daher asphärische Linsen, das sind nicht-kugelförmig-geschliffene Linsen, mit denen sich die sphärischen Abberationsfehler korrigieren lassen. Sie sind allerdings vergleichsweise aufwändig herzustellen und damit teuer.

konventionelle Linse / asphärische Linse

Ein weiterer Abbildungsfehler ist die chromatische Abberation: Das weiße Licht setzt sich aus Lichtanteilen mit unterschiedlichen Wellenlängen zusammen und jede dieser Wellenlängen erfährt an einer Linse eine andere Lichtbrechung. Die chromatische Abberation kann durch die Kombination zweier Linsen zu einem "Achromaten" reduziert werden. Die beiden Linsen bestehen dabei aus verschiedenen Glassorten mit unterschiedlichen Brechungen.
Ein besonderes Problem der Zoomobjektive ist die "Verzeichnung", das heißt, dass im Weitwinkelbereich gerade Linien (insbesondere horizontale und vertikale), die nicht durch den Bildmittelpunkt gehen, in der Abbildung gekrümmt dargestellt werden. Zumeist wölben sie sich nach außen, es entsteht eine "tonnenförmige" Verzerrung.
Einige Abbildungsfehler können elektronisch kompensiert werden., z.B. der "Flare". Es handelt sich dabei um Streulicht, das aus ungewollten Reflektionen im Objektiv entsteht. Da die Abbildungsfehler von Objektiv-Typ zu Objektiv-Typ unterschiedlich sind, hat jedes Broadcast-Objektiv ein Interface, mit dem die Kenndaten des Objektivs an die Kamera übermittelt werden, um so die Fehlerkompensation zu optimieren.

Objektive sind vergütet, das heißt, mit optischem Filtermaterial beschichtet. Die Beschichtung sorgt einerseits für die Minderung von Reflektionen und filtert andererseits Teile des Lichtspektrums aus, die sich ungünstig auf die Belichtung von CCDs oder Film auswirken. Die erforderlichen Vergütungen sind für Film und CCD unterschiedlich, somit ist nicht jedes Objektiv für jede Kamera gut geeignet. Zudem verursachen die Prismen der Bildwandler in Broadcast-Kameras Schärfeprobleme wenn Filmobjektive verwendet werden.

Die Schärfe einer Abbildung wird nicht nur durch die Entfernungseinstellung bestimmt, auch die Blendenöffnung wirkt sich darauf aus. Einerseits ist damit die Schärfentiefe gemeint: Eine optische Unschärfe heißt, Bildpunkte erhalten auf der Abbildungsebene Zerstreuungskreise, werden also zu Flächen. Tatsächlich scharf wiedergegeben wird nur die am Objektiv eingestellte Entfernung, aber in einem bestimmten Bereich vor und hinter diesem Punkt sind die Zerstreuungskreise noch so klein, dass die Auflösung des Bildwandlers diese Unschärfe nicht wiedergibt, d.h. der Durchmesser eines Zerstreuungskreises (auch: Unschärfekreis) ist nicht größer als der Durchmesser eines Bildwandlerwandler-Pixels. Bei einem 2/3" Wandler beträgt der zulässige Durchmesser des Unschärfekreises beispielsweise 0,017 mm. Wird die Blendenöffnung verkleinert, so verringert sich auch der Durchmesser der Zerstreuungskreise, die Schärfentiefe erhöht sich somit.

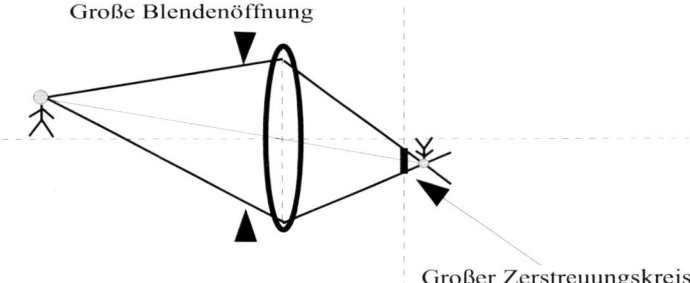

Aufnahme mit großer Blendenöffnung

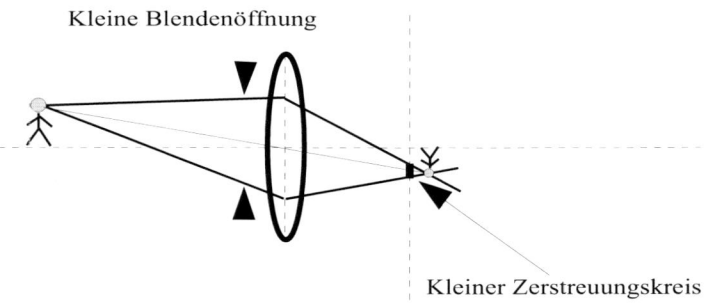

Aufnahme mit kleiner Blendenöffnung

122

Weniger bekannt ist, dass die tatsächliche Schärfeleistung eines Objektivs aber abnimmt, je weiter die Blende geschlossen wird. Das liegt daran, dass Lichtwellen an Kanten gebeugt und somit irregulär zerstreut werden. Bei großen Blendenöffnungen spielt das eine geringere Rolle, der größte Lichtanteil berührt die Kante nicht, bei sehr kleinen Blendenöffnungen ist der Anteil der gebeugten Lichtwellen größer. Somit ist es nicht empfehlenswert, zur Erzielung einer 'unendlichen' Schärfentiefe, die Blende wesentlich über die kleinste angegebene Blende (bei Video meist Blende 16) zu schließen.

Ebenfalls Einfluss auf die Schärfentiefe haben die Brennweite und die Bildwandler-Größe. Die Definition für Brennweite einer (konvexen) Linse ist der Abstand der Hauptebene von der Brennebene. Die Hauptebene ist dabei die Ebene in einer (dünnen) konvexen Linse, in der parallel einfallende Lichtstrahlen gebrochen würden und in Richtung eines Brennpunkts gebeugt werden. Die Brennebene ist die Fläche, auf der die parallel eingefallenen Strahlen nach dem Durchgang durch die Linse zu einem Punkt gebündelt sind.

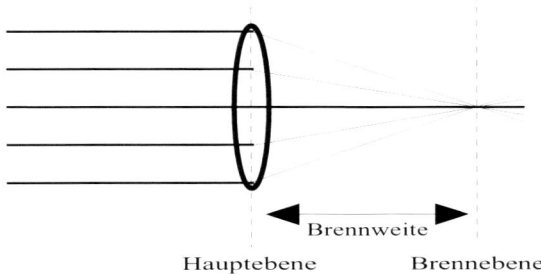

Strahlengang durch eine konvexe Linse

Die Hauptebene ist dabei eine abstrakte Ebene, da die Lichtstrahlen an den Oberflächen der Linse gebrochen werden, somit beim Durchgang durch eine Linse also zwei Brechungen erfahren. Es gibt daher eine vordere und eine hintere Hauptebene. Prinzipiell lässt sich jede Linse, oder auch ein komplex aufgebautes Zoomobjektiv, als eine einzige große Sammellinse betrachten. Bei solchen komplexen Sammellinsen wird die Brennweite stets von der hinteren Hauptebene aus gemessen.
Eine bestimmte Brennweite erzeugt immer eine bestimmte Abbildungsgröße: Verwendet man ein Objektiv mit 100 mm Brennweite und filmt dabei einen 2 m hohen Gegenstand in 10 m Entfernung, so wird

dessen Abbildung auf dem Target stets 2 cm hoch sein. Das Objekt ließe sich in diesem Fall also vollständig auf einem Kleinbildfilm (24 x 36 mm) abbilden, nicht jedoch auf einem 2/3" Chip (6,6 x 8,8 mm), hier wäre nur ein Drittel der Objekthöhe abgebildet. Dasselbe Objektiv kann also je nach Targetgröße ein Tele-, Normal- oder Weitwinkelobjektiv sein.

Die Normalbrennweite wird dadurch definiert, dass der Zuschauer eine perspektivisch richtige Darstellung erhält, die seinen Sehgewohnheiten im Alltag entspricht, so als ob er selbst, anstelle der Kamera, die Szene beobachtet hätte. (Das ist dabei bezogen auf den optimalen Betrachtungsabstand gegenüber dem Monitor, bzw. der Leinwand: Das Bild ist innerhalb des "deutlichen Sehfeldes" und die einzelnen Pixel/Zeilen sind nicht mehr erkennbar. Siehe auch: Kapitel "Betrachtungsabstand"). Die Normalbrennweite entspricht bei einem 4:3 Video, bzw. 1:1,37 Film annähernd der Diagonale des Targets, das heißt beispielsweise, dass beim 35 mm Film Brennweiten zwischen 30 und 40 mm als Normalbrennweiten verwendet werden. Da genaugenommen ein vertikaler Bildwinkel von 30° den normalen Sehgewohnheiten entspricht, ist es praktischer, die Bildhöhe als Referenz zu verwenden, als die veränderliche Bildbreite (4:3, 16:9, 1:1,37, 1:1,85 etc.). Die Normalbrennweite entspricht somit 2H. Daraus ergeben sich die folgenden Werte:

Target	Größe in mm	Normalbrennweite
Video 1/2"	4,8 x 6,4	10 mm
Video 2/3"	6,6 x 8,8	13 mm
Video 16:9, 2/3"	5,4 x 9,6	11 mm
16mm Normalformat, 1:1,38	7,44 x 10,40	14 mm
Super 16, Blow up, 1:1,66	7,44 x 12,44	14 mm
35mm Normalformat 1:1,37	22 x 16	32 mm*
35mm Breitwand europäisch 1:1,66	22 x 16	25 mm*
35mm Breitwand amerikanisch 1:1,85	22 x 16	22 mm*
Fotografie Kleinbild	24 x 36	48 mm

*Die Normalbrennweiten weichen trotz der gleichen Bildfeldgrößen der 35 mm-Formate voneinander ab, da bei den verschiedenen Formaten unterschiedliche anamorphotische Linsen eingesetzt werden, die das Bild verschieden stark horizontal stauchen. Erst bei der Kinoprojektion ergeben sich daraus unterschiedliche Bildhöhen: 35mm (1:1,37) = 15,2 x 20,9, 35mm (1:1,66) = 12,6 x 20,9 und 35mm (1:1,85) = 11,3 x 20,9.

Als Maß für die Schärfentiefe kann die "Hyperfokale" verwendet werden, sie bezeichnet die vordere Schärfegrenze wenn das Objektiv auf ∞ (unendlich) eingestellt wird: Wenn man beispielsweise bei unterschiedlichen Bildwandlern das Objektiv auf einen Bildwinkel von 16° einstellt, so ergeben sich die folgenden Brennweiten: 1/3" = 20 mm, 1/2" = 29 mm, 2/3" = 39 mm. Für die Messung der Hyperfokalen ist es nun noch wichtig, dass eine gleiche Blende verwendet wird, beispielsweise die Blende 2,8. Dann ergeben sich für die Hyperfokale die folgenden Werte: 1/3" = 15,88 m, 1/2" = 23,10 m, 2/3" = 31,96 m. Das heißt, bei einem 1/3" Bildwandler ist in der Entfernungseinstellung ∞ (bei gleichen Parametern) wesentlich mehr Vordergrund scharf, als bei einem 2/3" Bildwandler. Nimmt man übrigens den Wert Hyperfokale als Entfernungseinstellung, dann reicht die Schärfentiefe vom halben Wert der Hyperfokale bis unendlich (d.h. für 1/3" bei o.g. Brennweite und Blende reicht die Schärfe dann von 7,94 m bis unendlich).

Schließlich ist noch zu beachten, dass die Lichtstärke eines Zoomobjektivs bei langer Brennweite (im Telebereich) abnimmt. Die Lichtstärke besagt, wieviel Licht bei voll geöffneter Blende auf die Bildwandler gelangt, somit entspricht der Wert der Lichtstärke der Blendenzahl der maximal möglichen Blendenöffnung. Mit einer Ausnahme: Eine wesentliche Rolle spielt dabei die Größe der Frontlinse des Objektivs. Die Lichtstärke wird auf die Brennweite bezogen: Wenn ein Objektiv mit 50 mm Brennweite eine Lichtstärke von 1:2,0 hat, und es dabei einen Frontlinsen-Durchmesser von 25 mm aufweist, müsste bei 200 mm Brennweite dann der Frontlinsen-Durchmesser 100 mm betragen. Auch bei Broadcast-Objektiven beginnt bei langen Brennweiten irgendwann der Bereich, in dem der Frontlinsen-Durchmesser zu klein wird, die Lichtstärke nimmt ab, das wird als 'F-Drop' bezeichnet. Am Beispiel des Objektivs 'Canon J15x9,5B' sieht das so aus: Im Brennweitenbereich von 9,5 bis 121 mm hat das Objektiv eine Lichtstärke von 1:1,8, oberhalb von 121 mm nimmt die Lichtstärke kontinuierlich ab und beträgt schließlich bei der maximalen Brennweite von 143 mm nur noch 1:2,1. (Bei geschaltetem Brennweiten-Verdoppler verdoppeln sich auch die Werte für die Lichtstärke.)

Eine andere Art der Abschattung ist die Vignettierung. Insbesondere beim Einsatz von Vorsatzlinsen, Filtern, oder Kompendien kann es passieren, dass diese Bauteile im Weitwinkel-Bereich ins Bild geraten. Da sie zumeist jedoch weit im Unschärfebereich liegen, treten sie nur als abgedunkelter Bildrand auf.

Bildbearbeitung

Videomischpult

Das Videomischpult ermöglicht die Zusammenführung verschiedener Videoquellen und deren Bearbeitung. Kameras, Player und Titelgeneratoren können in das Mischpult eingespeist werden und über harte Schnitte, Überblendungen, Wipes und Keys miteinander kombiniert werden. Ein Chroma-Key ermöglicht das Austasten von Farbflächen, die dann durch ein anderes Bild ersetzt werden. Am häufigsten verwendet ist dabei die 'Blue Box'. Die Farbe Blau wird deswegen verwendet, weil sie in den menschlichen Hauttönen nicht vorkommt und somit eine Person farblich sauber getrennt werden kann von einer blauen Wand im Hintergrund. Das blaue Signal, also der Hintergrund, wird dann elektronisch ausgefiltert und durch ein anderes Bild ersetzt. Wichtig ist dafür eine möglichst hohe Farbauflösung im Videosignal. Für Broadcast-Zwecke sollte daher mit einem Komponentensignal mit 4:2:2-Auflösung gearbeitet werden. In der gleichen Weise arbeiten Luminanz-Keys, bei denen statt einer Farbe eine bestimmte Helligkeit herausgefiltert wird, also zum Beispiel schwarze Flächen. Mit einer 'Matte'-Funktion können Farbflächen hergestellt werden, beispielsweise als Hintergrund für Schriften. Dabei sind der Farbton, die Farbsättigung und die Helligkeit regelbar. Ein Alpha-Kanal ist ein zusätzlich zu den RGB-Kanälen vorhandener Bildkanal, der zum Speichern und Bearbeiten von Transparenz-Informationen für das Compositing dient. Schwarz steht dabei für 100% Transparenz, Weiß für 100% Deckkraft. Nur bestimmte Formate wie Targa, Tiff, Pict, und der Quicktime-Codec 'Animation' unterstützen Alpha-Kanäle. (Meist werden 8-Bit Alpha-Kanäle verwendet, aber manche Kanäle unterstützen auch 16 Bit Alpha-Kanäle.) In die bereits gemischten Bilder können schließlich noch mittels des 'Downstream-Keyers' Schriften oder Logos eingeblendet werden.

Oftmals bieten Videomischpulte außerdem einen Farbkorrektor an, einen Farbbalken zum Abgleichen der Signalwege, Bild im Bild, vergrößern, verkleinern und Stroboskop-Effekte.

Farbkorrektor

Farbkorrektoren arbeiten entweder auf Y/R-Y/B-Y - oder auf RGB-Basis. Der Y/R-Y/B-Y-Farbkorrektor hat für R-Y und B-Y jeweils einen Black- und einen Gain-Regler. Der Black-Regler ändert die dunklen Bereiche des Bildes, damit kann ein fehlerhafter Weißabgleich korrigiert werden. Die Grüninformation wird mit den Black-Regler nicht verändert, sondern nur in der Gesamtinformation hervorgehoben oder unterdrückt. Die Gain-Regler bearbeiten die hellen Partien, so kann zum Beispiel einem Gesicht mehr Farbe gegeben werden. Ein völliges Herunterdrehen beider Gain-Regler führt zu einem Schwarz-Weiß-Bild. Im Y-Bereich können Black, Contrast,

Gain und Schärfe geregelt werden.

Ein RGB-Farbkorrektor bietet für jeden Farbkanal einen Black- und einen Gain-Regler. Veränderungen im Y-Signal sind somit etwas komplexer einzustellen.

Studiotakt

Wenn mehrere Kameras oder Zuspieler gleichzeitig verwendet werden, müssen diese, sowie der zugehörige Bildmischer und Rekorder, getaktet werden. Das heißt, alle diese Geräte müssen ein gemeinsames Synchronsignal erhalten. Dieses Signal ist meistens ein Blackburst, also ein PAL-Signal mit Burst und Schwarz als Bildinhalt. Es wird üblicherweise ausgegeben von einem Blackburst-Generator, aber prinzipiell kann auch eine Kamera, ein Videomischpult oder ein Rekorder mit eingebautem Blackburst-Generator (Anschluss: REF-Video Out) diesen Zweck erfüllen. Wichtig bei der Verkabelung des Taktsignals ist es, dass das Signal nicht verzweigt wird! Entweder der Blackburst-Generator hat genügend Ausgänge für alle Geräte, oder die Geräte müssen in Reihe geschaltet werden, das Taktsignal wird also durchgeschliffen. Dabei ist darauf zu achten, dass bei durchschleifenden Geräten der 75 Ω-Abschlusswiderstand nicht geschaltet ist, beim letzten Gerät in der Kette jedoch eingeschaltet sein muss. (Verzweigungen und falsch geschaltete Abschlusswiderstände würden das Taktsignal durch unzulässige Verstärkungen oder Abschwächungen unwirksam machen.) Je nach Kabellänge und Gerät ist noch ein Abgleich der H- und der SC-Phase notwendig (siehe oben).

Timecode

Der Timecode gibt jedem Einzelbild (Frame) eine Adresse auf einem Videoband, ebenso bei Filmmaterial, das mit entsprechend ausgerüsteten Kameras aufgenommen wurde. Die Nummerierung erfolgt dabei wie auf einer Uhr in Stunden, Minuten, Sekunden und Frames. Der Timecode zählt also von 00:00:00:00 bis 23:59:59:24, danach springt er wieder auf 00:00:00:00 zurück. Der Timecode ist notwendig, um exakte Schnittlisten zu erstellen, die dann auch für ein Batch-Recording (Automaster) verwendet werden können. Weil der Timecode auch für die Gerätesteuerung zum bildgenauen Schnitt benötigt wird, darf es keine "Timecodelöcher" geben. Die Löcher entstehen, wenn zum Beispiel die Kamera nach einem Playback bei einer Sichtung nicht wieder exakt am letzten Bild anschneidet. (Insbesondere bei älteren Camcordern mit etwas 'verschlissener' Mechanik kann es auch schon zu Timecodelöchern kommen, wenn der Camcorder wieder eingeschaltet wird, also aus dem Save-Mode oder Off-Zustand hochgefahren wird. Vereinzelt tritt dieses Phänomen aber auch bei neuen Digi-Beta- und IMX-Camcordern auf. Somit empfiehlt es sich, nach dem Einschalten zunächst die 'Re-Lock'- bzw. 'Return'-Funktion zu benutzen. Vorsichtshalber können bei der ersten Aufnahme nach dem Hochfahren der Kamera schon 5-10 Sekunden vor der eigentlichen Aufnahme gedreht werden, um einen sauberen Preroll beim Schnitt zu gewährleisten. Am Anfang eines neuen Videobandes sind ohnehin zunächst mindestens 30 Sekunden Farbbalken aufzunehmen, da der Bandanfang höheren mechanischen Belastungen und Verschmutzungen ausgesetzt ist.) Weiterhin nehmen es Schnittsteuerungen übel, wenn die zu schneidende Einstellung über den Timecode 00:00:00:00 läuft, denn dann hätte der Anfang der Einstellung einer höheren Timecode als das Ende.

Bei professionellen Geräten gibt es die Möglichkeit, den Timecode ins Bild einzublenden. Diese Funktion wird mit dem Schalter Superimpose aktiviert und auf einem FBAS-Ausgang mit der Bezeichnung "Super" ausgegeben. Neben den Frames ist auch erkennbar, welches Halbbild gerade gezeigt wird, das Zeichen zwischen Sekunden und Frames wechselt von Punkt zu Doppelpunkt.

Beim amerikanisch/japanischen NTSC-Standard ist es mit dem Timecode etwas komplizierter, da NTSC mit exakt 29,97 Bildern pro Sekunde arbeitet. Timecode kann jedoch nur in ganzen Zahlen dargestellt werden (hh:mm:ss:ff), daher müssen bei NTSC in regelmäßigen Abständen Timecode-Nummern ausgelassen werden (Drop-Frame), sonst würde der Timecode pro Stunde um 3 sek 18 Frames von der tatsächlichen Bildanzahl abweichen. Beim 'Drop-Frame'-Verfahren werden in der ersten Sekunde jeder Minute die Timecode-Nummern 00 und 01 ausgelassen, es sei denn die Minuten-Nummer beträgt 10 oder ein vielfaches davon. Ein 'Drop-Frame'-TC wird mit einem Semikolon zwischen Sekunde und Frame dargestellt (statt Doppelpunkt). PAL ist dagegen ein 'Non-Drop-Frame'-Verfahren.

Für den Timecode gibt es verschiedene Aufzeichnungsformate:

VITC (Vertical Interval Timecode) wird ins Videosignal geschrieben und kann daher nur gleichzeitig mit diesem aufgezeichnet werden. Es ist eine Art Strichcode mit 80 Bits, wovon 26 der Zeitaufzeichnung dienen, der Rest wird für User-Bits (siehe unten) verwendet. Der VITC wird in zwei nicht aufeinander folgende Zeilen der vertikalen Austastlücke geschrieben. Möglich ist das in den Zeilen 7 bis 22, Standard sind die Zeilen 19 und 21, die auf den Einstellschaltern an Rekordern als "C" und "E" bezeichnet sind. Mit einem Monitor im Underscan-Modus lässt sich das gut erkennen. Der VITC kann vom Player im normalen Playback, in der Zeitlupe und im Standbild gelesen werden. Im schnellen Vorlauf ist er nicht mehr lesbar. Weil der VITC im Videosignal enthalten ist, bleibt er auch beim Kopieren auf analoge Medien, z.B. auf VHS, erhalten und kann mit einem geeigneten Decoder wieder aus dem Videosignal ausgelesen werden.

LTC (Longitudinal Timecode) wird wie eine Tonspur längs auf das Band geschrieben. (Er ist auch hörbar, wenn der LTC-Ausgang an einen Verstärker angeschlossen wird.) Der LTC kann unabhängig von einer Bildaufnahme aufgezeichnet werden. Er ist nicht im Standbild oder langsamen Zeitlupen lesbar, dafür aber beim Playback und im schnellen Vorlauf. Insofern ist es sinnvoll, wenn bei Playern die Timecode-Lesefunktion "Auto" eingeschaltet ist, der Player benutzt dann immer den gerade lesbaren Timecode. (Problematisch ist das nur, wenn VITC und LTC unterschiedliche Werte haben, wie es passieren kann, wenn mit Insert auf ein vorcodiertes Band geschnitten wird, oder der LTC nachträglich aufgezeichnet wurde.)

User-Bit ist eine Unterfunktion von VITC und LTC, kann aber unabhängig davon eingestellt werden. Er ist ebenfalls achtstellig, es können aber neben Zahlen auch die Buchstaben a bis f verwendet werden. So kann der Aufnahme eine Signatur gegeben werden, oder zusätzlich zum Timecode beispielsweise die aktuelle Uhrzeit aufgezeichnet werden.

RCTC (Rewritable Consumer Timecode) ist ein semiprofessionelles Format, das bei den Formaten Video8 und Hi8 Verwendung findet. Der

RCTC wird in die Lücke zwischen den Schrägspurabschnitten zwischen Videosignal und PCM-Ton aufgezeichnet. Er kann nachträglich verändert werden.

RAPID Timecode ist ein (nicht mehr verwendetes) Timecode-Verfahren für das VHS Format, der nur von speziell modifizierten Recordern gelesen oder geschrieben werden kann. Er wird auf der Synchronspur aufgezeichnet mit einem Impuls alle zwei Sekunden. Er kann auch nachträglich geschrieben werden.

CTL ist eine Bandzählfunktion, die nicht mit dem Timecode verknüpft ist und keine Frames anzeigt. Der CTL funktioniert ähnlich wie in VHS-Rekordern, es werden nur die Synchronimpulse gezählt und es kann jederzeit mit der Reset-Taste auf Null zurückgestellt werden.

Um VITC und LTC aufzuzeichnen, gibt es die Funktionen **Rec-Run** und **Free-Run**. Mit Rec-Run (für: Record-Run) läuft der Timecode nur dann weiter, wenn tatsächlich aufgezeichnet wird. Ein bereits auf dem Band vorhandener Timecode wird lückenlos weitergeschrieben (Jam-Sync). Gegebenenfalls wird dazu nach einer Aufnahmepause der vorhandene Timecode zunächst in einem kurzen Preroll eingelesen und dann im Recordmodus fortgeführt.
Bei Free-Run läuft der Timecode immer weiter, unabhängig davon, ob die Kamera aufzeichnet. Das ist sinnvoll, wenn ein Ereignis mit mehreren Kameras synchron aufgezeichnet werden soll. Dabei werden zunächst die Kameras über Kabel miteinander synchronisiert, der Free-Run einer Kamera wird über die TC-Out-Buchse an die TC-In-Buchse der nächsten Kamera weitergegeben. Im Free-Run-Modus wird der Timecode so von der Master-Kamera übernommen. Während der Aufnahme ist die Verkabelung dann nicht mehr nötig, die Synchronität kann (theoretisch) über Stunden gehalten werden. In der Praxis ist es aber sicherer, die Kameras weiterhin über Kabel oder eine Funkstrecke zu verkoppeln, oder zumindest gelegentlich, z.B. beim Bandwechsel, den Timecode zu aktualisieren.

Im Pflichtenheft von ARD, ZDF und ORF ist für Sendebänder festgelegt, dass VITC und LTC der DIN-Norm IEC 461 entsprechen müssen. VITC und LTC müssen identisch sein. Der Filmbeginn auf dem Sendeband muss beim Timecode 10:00:00:00 erfolgen, benötigt der Film wegen Überlänge mehr als ein Band, muss der Filmstart auf dem zweiten Band bei Timecode 20:00:00:00 erfolgen.

Einstellungen beim Aufnehmen eines Masterbandes (Print to Tape)

Wenn von einem nonlinearen digitalen Schnittsystem ein Video auf ein Broadcast-Band ausgespielt werden soll, müssen bestimmte Voreinstellungen gemacht werden, sowohl beim Schnittcomputer wie auch beim Recorder. Im Schnittcomputer muss die Timeline mit dem Timecode 10:00:00:00 beginnen, im Print-To-Tape-Menü ist die normgerechte Einstellung für den Preroll: 90 Sekunden Farbbalken (100/75), gegebenenfalls mit 16:9-Kennung, mit 1 kHz Testton (-9 dB, bzw. -18dB$_{FS}$ bei Digi-Beta) und nachfolgend 30 Sekunden Schwarz. Auf Countdown unmittelbar vor dem Film kann verzichtet werden. Nach dem Film ist ein Postroll mit Schwarz für mindestens 30 Sekunden anzulegen. (Das gilt für Mono-Sendebänder, für spezielle Audiospurbelegungen und Stereo ist der Testton aufwändiger einzustellen, siehe Pflichtenheft ARD/ZDF.) Am Recorder muss der TC-Generator auf 'Intern', 'Preset' (bei etwa 09:57:40:00) und 'Rec Run' geschaltet werden. Der VITC-Schalter muss auf 'On' stehen. Computer und Recorder müssen mit Video, Audio und RS422-Steuerung miteinander verbunden sein, eine Synchronsignal-Verbindung ist nicht nötig, wenn der Recorder das Synchronsignal aus dem Videosignal bezieht. Eine extra Timecode-Übertragung zum Recorder hat keine Funktion, denn der Computer gibt keinen Timecode aus, sondern liest nur den aktuellen Timecode des Recorders über die RS422-Steuerung.

Der Ablauf ist nun folgender: Wenn die 'Print-To-Tape'-Funktion im Computer gestartet wird, erhält der Recorder zunächst den Befehl, auf dem leeren Band ab dem Timecode 09:57:40:00 einen 'Crash-Record' (eine Aufnahme ohne Preroll) durchzuführen, das heißt, es wird etwa eine Minute Schwarz aufgezeichnet. Dann stoppt der Recorder und fährt auf die Startposition für den intern eingestellten Preroll zurück und läuft an für einen Assemble-Schnitt bei 09:58:00:00. Wenn dieser Punkt erreicht ist, spielt der Computer das Programm ab (Preroll mit Farbbalken, Testton und danach Schwarz, nahtlos daran den Film und schließlich den Postroll).

Pflichtenheft

In den 'Technischen Richtlinien zur Herstellung von Fernsehproduktionen für ARD, ZDF und ORF' (kurz: 'Pflichtenheft ARD/ZDF') werden auf ca. 100 Seiten die genauen Anforderungen der öffentlich-rechtlichen Sender an Film- und Videoproduktionen für Sendezwecke festgelegt. Unter anderem sind das: Kontrast und Beleuchtungsanforderungen, Platzierung von Titeln und Schriften, Signalpegel, technische Vorspänne, Spurbelegung für die einzelnen Videoformate, erforderliche Angaben auf einer Maz-Karte, Internet-Formate für Streaming, Filmformate, Anforderungen an Dolby-Surround-Produktionen, etc. Aktuelle Ausgaben sind erhältlich beim: Institut für Rundfunktechnik GmbH (IRT), www.irt.de oder den Sendeanstalten.

Audiotechnik

Schall und Wahrnehmung

Schall besteht aus Druckwellen, die in einem Medium (Gas, Flüssigkeit, oder fester Stoff) weitergegeben werden. Eine Schallwelle erzeugt zunächst einen Druck, also eine Verdichtung der Moleküle, anschließend einen Unterdruck. Wenn die Schwingungen dieser Druckwellen in einem bestimmten Frequenzbereich stattfinden, sind sie für das menschliche Ohr hörbar: Das Ohr kann Schwingungen von 16 Hz (Hertz = Schwingungen pro Sekunde) bis etwa 20.000 Hz (= 20 Kilohertz, kHz) wahrnehmen. Mit zunehmendem Alter des Menschen nimmt die Obergrenze der wahrnehmbaren Schwingungen allerdings stark ab, auf etwa 12 – 15 kHz. Die wahrgenommene Lautstärke hängt vom Druck der Schallwelle ab, dieser wird als Amplitude bezeichnet und in Pascal (Pa) gemessen (Pascal ist die Krafteinwirkung auf eine Fläche: 1 Pascal = 1 Newton/m^2)

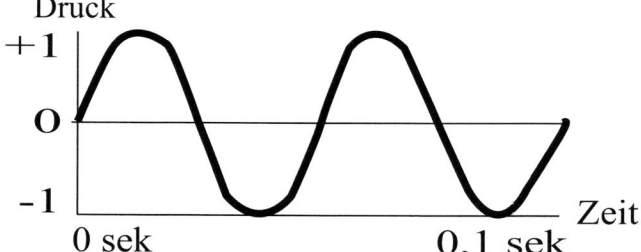

Beispiel einer Schallwelle mit 20 Hz und einer Amplitude von 1 Pa.

Die nachfolgende Kurve zeigt, wie der Schalldruck einzelner Frequenzen wahrgenommen wird. Damit die gleiche Lautstärke wahrgenommen wird, müssen die einzelnen Frequenzen unterschiedliche Schalldrücke aufweisen. Das Verhältnis ändert sich zusätzlich mit der Höhe der Ausgangslautstärke: Bei insgesamt leisen Schalldruckpegeln müssen tiefe Frequenzen für eine gleichlaute Wahrnehmung noch mehr angehoben werden, als bei insgesamt lauteren Pegeln. (Deswegen gibt es bei HiFi-Verstärkern eine 'Loudness'-Taste, die Bässe bei einer leisen Abhörlautstärke überproportional anhebt.) Beispiel: Damit ein Ton mit 20 Hz genauso laut wahrgenommen wird, wie ein 1 kHz-Ton mit einem Lautstärkepegel von 10 dB$_{SPL}$, (10 Phon) muss der 20 Hz-Ton einen Schalldruck von etwa 80 dB$_{SPL}$ aufweisen, ein 100 Hz-Ton immerhin noch 30 dB$_{SPL}$ (Definitionen für dB und Phon siehe unten im Kapitel 'Pegel').

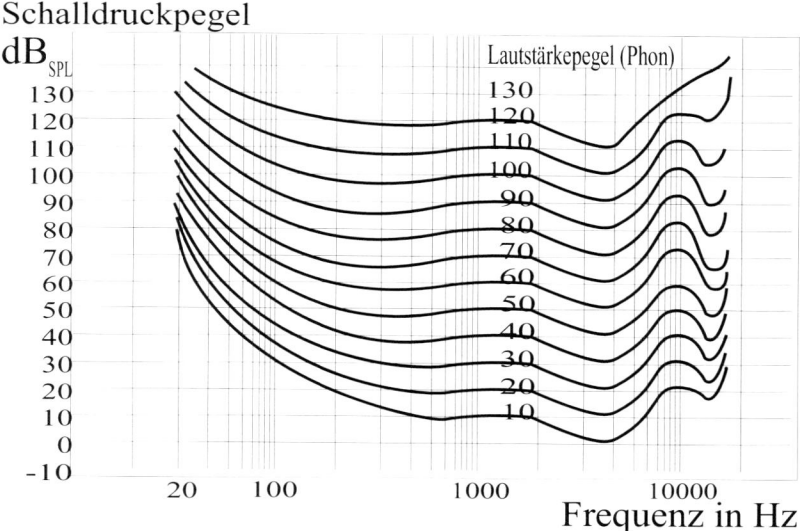

Menschliche Wahrnehmung von Schalldruckpegeln bei verschiedenen Frequenzen

Leisere Töne in einer Tonpassage werden unter Umständen nicht wahrgenommen, wenn sie von lauten Tönen "verdeckt" werden. Dieser Verdeckungseffekt ist insofern wichtig, etwa bei einer Tonmischung, weil damit auch die Abhörlautstärke einen Einfluss auf die Wahrnehmung hat: Bei einer leisen Abhörlautstärke werden eventuell leise Atmo-Töne nicht mehr wahrgenommen, die andererseits bei einer lauten Abhörlautstärke sogar störend wirken können.

Schallausbreitung
Schallwellen breiten sich kugelförmig um ihre Quelle herum aus, sofern keine Hindernisse im Weg sind. Dabei nimmt der Schalldruck im Quadrat zur Entfernung von der Schallquelle ab, das heißt in der doppelten Entfernung von der Schallquelle beträgt der Schalldruck nur noch ¼. Für die Ausbreitung einer Schallwelle ist es noch wichtig zu wissen, in welchem Medium die Übertragung erfolgt, denn davon hängen Geschwindigkeit und Wellenlänge der Schwingung ab. In einer Zeichnung wie oben dargestellt, sieht es ja so aus, als gäbe es ein festes Verhältnis zwischen Hertz-Zahl und Wellenlänge. Das gibt es auch, aber es gilt jeweils nur für ein Medium mit jeweils der gleichen Temperatur. Unterschiedliche Medien und Temperaturen bedeuten unterschiedliche molekulare Widerstände für eine sich hindurch bewegende Druckwelle. Insofern muss man sich

vergegenwärtigen, dass der Maßstab für die Zeiteinteilung (und auch der für die Amplitude) willkürlich gewählt ist. In der Luft erreicht Schall bei 20° Celsius eine Geschwindigkeit von 343,8 m/s, bei 0° Celsius sind es nur noch 331,8 m/s. Zur Vereinfachung wird im allgemeinen ein Richtwert von 340 m/s verwendet.

Aus der Schallgeschwindigkeit c (in m/s) und der Frequenz f (in Hz) eines Tons lässt sich die Wellenlänge λ (in m) einer Schwingung berechnen:

$$\lambda = \frac{c}{f} \qquad \text{Beispiel für 1 kHz Ton:} \qquad \lambda = \frac{340 \text{ m/s}}{1000 \text{ Hz}} = \frac{340 \text{ m/s}}{1000 \text{ Schwingungen/s}} = 0,34 \frac{\text{m}}{\text{Schwingung}}$$

Ein 1 kHz Sinuston hat in der Luft also eine Wellenlänge von 34 cm. Im hörbaren Bereich gibt es somit Wellenlängen von 1,7 cm bei 20 kHz, bis zu 17 m bei 20 Hz.

Die Wellenlänge einer Schallschwingung ist unter anderem bedeutend für die Ablenkung und Absorption von Schallwellen durch Gegenstände.

Auch wenn Schall sich prinzipiell kugelförmig um seine Quelle herum ausdehnt, hat man es in der Praxis häufig mit gerichteten Schallquellen zu tun: Der menschliche Mund strahlt Schall vorwiegend nach vorne ab, sinnvollerweise sind auch Lautsprecher so gebaut, dass sie Schall hauptsächlich in eine Richtung abstrahlen. (Eine kugelförmige Ausbreitung des Schalls ist damit weiterhin gegeben, jedoch mit unterschiedlichen Intensitäten in die verschiedenen Richtungen.) Die Schallausbreitung im Raum und damit auch die räumliche Wahrnehmung, wird bestimmt von Reflektionen und Dämpfungen. Jede Oberfläche absorbiert einen Teil des Schalls. (Die Schallenergie geht nicht verloren, sie wird gewandelt, z.B. in Wärme.) Glatte, harte Flächen, wie etwa Beton, absorbieren wenig Schallenergie, der Schall wird fast vollständig reflektiert. Rauere, poröse Oberflächen, wie zum Beispiel Holz, absorbieren schon mehr Schallenergie. Textilstoffe und Dämmmaterialien schließlich absorbieren sehr viel Schallenergie. Daher werden sie auch zur Dämpfung eingesetzt. (Dämpfung als Mittel zur Unterdrückung von Reflektionen ist nicht zu verwechseln mit Dämmung, die das Aus- oder Eintreten von Schall in einen Raum verhindern soll.)

Die Wirkung von schalldämpfendem Material ist auch abhängig von Form und Dicke: Es können immer nur Reflektionen von Schallwellen absorbiert werden, deren Wellenlänge weniger beträgt, als die Dicke des Absorptionsmaterials. Schalldämpfung ist frequenzabhängig, durch dünnere Materialien werden zunächst die Reflektionen höherer Frequenzen gedämpft. Tiefere Frequenzen können mit so genannt "Helmholtz-

Absorbern" gedämpft werden.

Stehen der Schallausbreitung kleinere Gegenstände (bezogen auf die Wellenlänge) im Weg, dann wird der Schall um sie herum "gebeugt".

Durch unterschiedliche Schallwege, zum Beispiel ungünstig versetzt stehende Lautsprecher, und Reflektionen kann es zu Überlagerungen von Schallwellen kommen. Wenn sich die Schallwellen gleichphasig, also mit gleichzeitiger Amplitude, überlagern, erfolgt eine Verstärkung der Schallwellen-Amplitude auf den doppelten Wert:

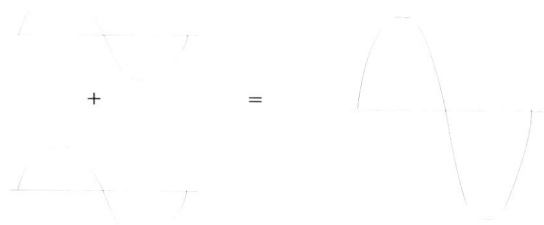

Addition von zwei gleichphasigen Schallwellen

Wenn sich die Schallwellen gegenphasig überlagern, erfolgt die Auslöschung der Schallwelle (Interferenz). Das kann zum Beispiel passieren, wenn bei einem Lautsprecherpaar ein Lautsprecher mit falscher Polung verdrahtet wird. Natürlich ist dann nicht überall nichts zu hören, der Effekt ist dort am stärksten, wo sich die Wellen am meisten überlagern, also in der Mitte zwischen den Lautsprechern.

Addition von zwei gegenphasigen Schallwellen

In der Praxis gibt es meistens Überlagerungen von Schallwellen, die sich nicht gleich- oder gegenphasig überlagern, es kommt zu mehr oder weniger Verstärkung oder Dämpfung der Schallwellen. Setzt sich die Schallwelle aus unterschiedlichen Frequenzen zusammen, dann kann das zur Folge haben, dass einige Frequenzen verstärkt und andere gleichzeitig gedämpft werden.

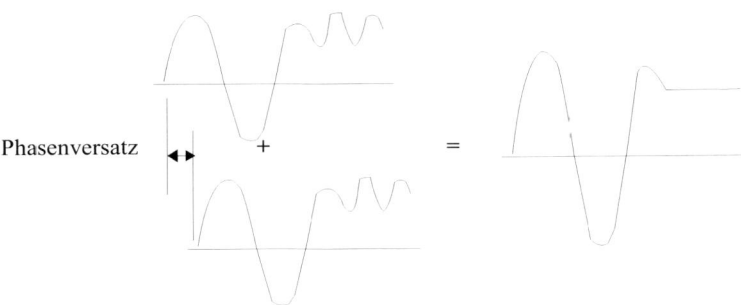

Phasenversatz

Addition von zwei gleichen Schallwellen mit Phasenversatz

Phasenversatz tritt nicht nur bei ungünstiger Lautsprecher- oder Mikrofonanordnung auf. Grundsätzlich kommt es auch durch Reflektionen im Raum zu Überlagerungen, die eben auch teilweise phasenversetzt sind. Auslöschungen durch Phasenversatz finden dann nicht nur in einer Frequenz, sondern auch noch in allen ungeraden vielfachen Frequenzen statt. Das nennt man "Kammfiltereffekt".

Ein verwandtes Phänomen ist die "Stehende Welle". Insbesondere in kleinen (rechteckigen) Räumen kann es dazu kommen, dass die Reflektionen einiger Frequenzen zu ortsfesten Phasenüberlagerungen führen, das heißt, es gibt (bei Dauertönen) an einigen Stellen im Raum stetige Verstärkungen oder Auslöschungen. Das geschieht bei allen Frequenzen, deren Wellenlänge die Hälfte des Abstands der Wände hat, oder ein ganzzahliges Vielfaches davon. Die Reflektionen haben dann an jedem Punkt des Raums immer die gleiche Amplitude und überlagern sich somit immer wieder mit der gleichen Auslöschung oder Verstärkung.

Räumliche Wahrnehmung

Die menschliche Wahrnehmung interpretiert Pegelunterschiede zwischen den Ohren, wie auch Unterschiede im zeitlichen Wahrnehmen, als Richtungen. Schon eine Schallquelle, die 2 – 4 ms eher bei einem Ohr eintrifft, wird vollständig als aus dieser Richtung kommend, interpretiert. Um diesen Effekt mit einem Pegelunterschied zu erreichen, muss das Geräusch auf dem einen Ohr etwa 18 dB lauter eintreffen, als auf dem anderen. Als Richtung wird auch ein unterschiedliches Frequenzspektrum wahrgenommen: Wenn etwa das gleiche Signal auf ein Ohr mit einem größeren Höhenanteil auftrifft, dann entspricht das dem Effekt, dass das gegenüberliegende Ohr eine Höhenabschattung durch den Kopf erfahren würde. (Darum ist bei Stereo- oder Surroundanlagen auch nur ein Subwoofer erforderlich, bei tiefen Bassfrequenzen findet eine Abschattung durch den Kopf nicht statt – eine Richtungswahrnehmung erfolgt also bei Subwoofern nicht.)

Ebenfalls für die räumliche Wahrnehmung von Geräuschen ist die Ausformung der Ohrmuscheln verantwortlich, die durch besondere Reflektionen, Dämpfungen oder Verstärkungen auch eine Wahrnehmung ermöglichen, ob Schall von vorne oder hinten, unten oder oben kommt.

Hall

Die Wahrnehmung des Schalls in einem Raum vollzieht sich in drei Stufen: Zunächst wird das Ursprungs-, bzw. Direktsignal gehört, dann treffen erste Reflektionen auf das Ohr und schließlich der Nachhall, die Reflektionen der Reflektionen. Das Direktsignal lässt den Zuhörer die Richtung der Schallquelle wahrnehmen, das Verhältnis von Direktsignal und ersten Reflektionen lässt ihn auf die Entfernung der Schallquelle schließen, das Verhältnis von ersten Reflektionen und Nachhall gibt dem Zuhörer ein Gefühl für die Raumgröße. Da in kleinen Räumen die Schallwege recht kurz sind, ist darin kein Unterschied zwischen ersten Reflektionen und Nachhall wahrnehmbar. Als Nachhallzeit wird die Zeit bezeichnet, in der der Schallpegel nach dem Verstummen der Tonquelle um 60dB absinkt. In Kinos liegt die Nachhallzeit bei nicht mehr als 0,2 Sekunden, sonst leidet die Sprachverständlichkeit, mehr Nachhall wird, wenn gewünscht, bereits bei der Filmtonmischung zugemischt. Für Konzertsäle darf die Nachhallzeit deutlich höher liegen.

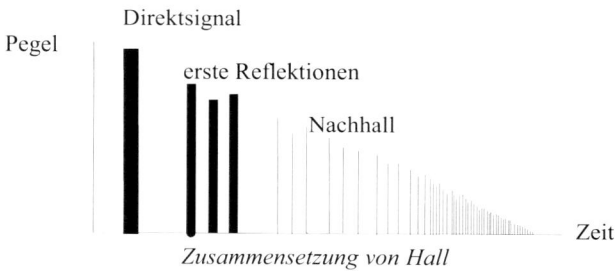

Zusammensetzung von Hall

Hallradius

Ab einer bestimmten Entfernung von der Schallquelle ist der Pegel der Reflektionen genauso hoch wie der Pegel des Direktschalls. Außerhalb des Hallradius bleibt der Schalldruck praktisch konstant, das wird dann als Diffusschallfeld bezeichnet. Das menschliche Gehör kann sich, mittels selektiver Wahrnehmung im Diffusschallfeld zumeist noch auf die Schallquelle konzentrieren. Bei einem Mikrofon leidet die Verständlichkeit des Tons sehr stark. Mit einem Richtmikrofon kann der Hallradius immerhin vergrößert werden.

Dopplereffekt
Wenn eine Schallquelle sich schnell auf ein Ohr zu bewegt, klingt der Ton höher, wenn sich die Schallquelle entfernt, klingt sie tiefer. Das Phänomen erklärt sich recht einfach: Durch die Annäherung der Schallquelle treffen pro Zeiteinheit mehr Schallwellen beim Ohr ein, weil die Bewegung der Schallquelle auf den Hörer zu die Schallwellen verdichtet, bzw. den Abstand der Wellen durch die Eigenbewegung verkürzt, die Frequenz wird also erhöht. Umgekehrt beim Entfernen der Schallquelle: Es treffen weniger Schallwellen pro Zeiteinheit beim Ohr ein, die Frequenz wird niedriger. (Da dieser Effekt ebenfalls bei Lichtwellen vorhanden ist, wird er auch für astronomische Beobachtungen verwendet.)

Verzerrungen
Lineare Verzerrungen beziehen sich auf Verstärkungen oder Dämpfungen von Pegeln im Frequenzgang eines Gerätes oder Übertragungsweges. Abweichungen von einem idealen, linearen Frequenzgang treten praktisch in jedem Audiogerät auf. Das hängt mit einzelnen Bauteilen zusammen, etwa frequenzabhängige Verstärkungsfaktoren von Transistoren, oder bei elektro-akustischen Wandlern, also Mikrofonen oder Lautsprechern. Auch bei analogen Aufzeichnungen, insbesondere bei wiederholtem Kopieren, ergeben sich wahrnehmbare Klangveränderungen aufgrund linearer Verzerrungen. Digitale Geräte sind vergleichsweise unkritisch.

Nicht-lineare Verzerrungen entstehen durch das Auftreten zusätzlicher Schwingungen im Audiosignal, z.B. bei übersteuerten Aufzeichnungen. Im einfachsten Fall bedeutet das am Beispiel einer Sinuskurve, dass diese nicht (nur) eine Verstärkung oder Dämpfung (lineare Verzerrung), also eine Amplitudenveränderung, erhalten hat, sondern zusätzliche Schwingungen auftreten, so dass ein nicht-sinusförmiger Verlauf vorliegt. Die zusätzlichen Schwingungen bestehen aus ganz-zahligen Vielfachen des Ursprungssignals (Harmonische), aus Summen- und Differenz-frequenzen zwischen Ursprungssignal und Harmonischen und aus Summen- und Differenzfrequenzen zwischen den Harmonischen.

Klang
Auch wenn in diesem Buch oftmals Sinustöne zur Veranschaulichung verwendet werden, sind sie in der Praxis insofern die Ausnahme, als dass sie in dieser Reinheit nicht natürlich vorkommen. Sie werden nur als Testsignal generiert und verwendet.
Dennoch bilden sie die Grundlage für dass, was als Klang bezeichnet wird. Ein Klang setzt sich zusammen aus Reflektionen, Absorptionen und Resonanzen, also Schwingungen, die von anderen Materialien und Objekten übernommen werden. Am Beispiel einer Geige sieht das etwa so aus: Der

Geigenbogen bringt eine Saite in (sinusähnliche) Schwingungen, die damit zunächst den Grundton erzeugt. Gleichzeitig gibt der Bogen selbst, durch das Rutschen über die Saiten, ein Geräusch ab. Der Saiten-Grundton wird durch das Holz des Geigenkörpers aufgenommen und versetzt dieses in Schwingungen (Resonanzen), die von der Holzart, Form, Größe und Dicke der Flächen abhängen. Die einzelnen Flächen- oder Körperresonanzen wirken wiederum auf die benachbarten Flächen. Gleichzeitig entstehen an den Flächen und in den Hohlräumen Reflektionen. Nach außen hin hat der Körper des Geigers eine dämpfende Wirkung, der Raum fügt schließlich noch die Einflüsse seiner Akustik hinzu.

Durch die Resonanzen und Reflektionen entstehen 'Obertöne', ganzzahlige vielfache Frequenzen des Grundtons, dem das schwingende Material seinen eigenen Klang gibt. Die einzelnen Anteile der Obertöne sind durch die Bauform des Körpers Verstärkungen oder Dämpfungen unterworfen.

Ein gelegentlich in der Tontechnik auftauchender Begriff ist die Oktave. Das Verhältnis zweier Frequenzen zueinander wird als Intervall bezeichnet. Die Oktave ist ein Intervall mit einer Verdoppelung der Frequenzzahl, also hat zum Beispiel der Bereich von 50 bis 100 Hz einen Umfang von einer Oktave. Diese Verdoppelung entspricht auch der menschlichen Wahrnehmung von Tonhöhen. (Nähme man etwa feste Frequenzschritte von z.B. 200 Hz, dann wäre das für die Wahrnehmung im Bassbereich eine sehr große Veränderung, im Höhenbereich aber kaum hörbar.) Daher sind auch Darstellungen bei Grafiken, z.B. für Frequenzgänge, in Oktav-Intervalle aufgeteilt.

Ein anderes gelegentlich in der Tontechnik genanntes Intervall, z.B. bei Equalizern, ist die (große) Terz. Bei ihr ist das Verhältnis 4:5, zum Beispiel der Bereich von 1000 bis 1250 Hz ist ein Terz-Intervall.

Pegel

Schalldruck (Lautstärke) wird physikalisch in Pascal (Pa) gemessen. Die untere Hörschwelle liegt bei 0,00002 Pa, die Schmerzgrenze bei 150 Pa, d.h., die Schmerzgrenze ist etwa 10.000.000 mal lauter als die Hörschwelle. Da das unhandlich zum Rechnen ist, wurde ein logarithmisches Maß eingeführt: das Dezibel (dB). Es ist ein Maß, das sich an der Hörschwelle orientiert: 0,00002 Pa = 0 dB. Damit klar ist, dass dieses dB-Maß sich auf Schalldruck bezieht, wird das Kürzel SPL (Sound Pressure Level) angehängt.

Das dB_{SPL} errechnet sich aus: $20 \times \log \dfrac{\text{Schalldruck Pa}}{\text{Schalldruck Hörschwelle Pa}}$

Somit liegt die Schmerzgrenze bei einem Pegel von 137,5 dB_{SPL}.

139

Früher wurde als Maß für die Lautstärke das Phon verwendet. Die untere Hörschwelle wurde als 0 Phon definiert, die Schmerzgrenze bei etwa 140 Phon. Eine Einheit für die subjektiv empfundene Lautheit ist das Sone, es wird unter anderem für die Geräuschmessung von technischen Geräten (z.B. Computer) verwendet. Ein Sone entspricht dabei 40 Phon, das wiederum ist definiert als Schalldruck eines 1 kHz-Sinustons mit einem Pegel von 40 dB$_{SPL}$. Eine Verdopplung des Lautheitseindrucks von 1 Sone sind dann 2 Sone (= 50 Phon), eine Vervierfachung ist 4 Sone (= 60 Phon). Bei Werten unterhalb von einem Sone ist die empfundene Lautheit nicht mehr linear an das Phon gekoppelt, eine Halbierung der Lautheit entspricht hier einem Unterschied von weniger als 10 Phon.

Für Lautstärkemessungen wird häufig auch eine Bewertung des Schalldrucks vorgenommen, die die physiologischen Bedingungen des menschlichen Ohrs berücksichtigt. Tiefe Töne nimmt das menschliche Ohr weniger wahr als gleichlaute mittlere oder hohe Töne. Dieser Effekt verstärkt sich, je geringer die Lautstärke ist. Für die Lärm- und Geräuschmessung werden daher abhängig vom Lautstärkepegel Bewertungen vorgenommen: Die A-Bewertung ist aussagekräftig für Schalldruckpegel zwischen 20 und 55 dB$_{SPL}$, die B-Bewertung zwischen 55 und 85 dB$_{SPL}$ und die C-Bewertung zwischen 85 und 140 dB$_{SPL}$. Bei Lautstärkemessungen muss dementsprechend immer mit angegeben werden, welcher Bewertungsfilter verwendet wurde, also beispielsweise dB(A). Die untenstehende Kurve zeigt, mit welchem Wert ein tatsächlich auftretender Schalldruck bei einer Messung korrigiert wird, damit er der menschlichen Wahrnehmung entspricht. Wird zum Beispiel ein Geräusch mit einer Frequenz von 100 Hz mit einer A-Bewertung gemessen, dann wird der Pegel mit 20 dB geringer bewertet, als die tatsächliche Schalldruckmessung ergab.

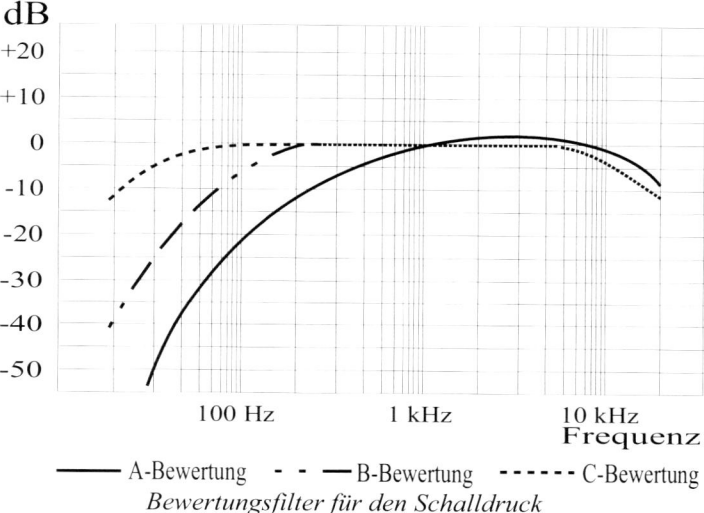

A-Bewertung   - - — B-Bewertung   ······ C-Bewertung
Bewertungsfilter für den Schalldruck

Auch beim dB(A) wird die Hörschwelle als 0 definiert und die Schmerzgrenze liegt etwa bei 140 dB(A). Im Gegensatz zum dB(A) ist das dB_{SPL} nicht gewichtet, also der Schalldruck aller Frequenzen wird gleich bewertet.

Messtechnisch bedeuten +/- 6dB eine Verdoppelung, bzw. Halbierung des Schalldrucks, die menschliche Wahrnehmung empfindet allerdings erst +/- 10dB als eine Verdoppelung, bzw. Halbierung der Lautstärke.

Ähnlich verhält es sich mit dem elektrischen Spannungs-Pegel, also im Bezug auf das Aussteuern von Audiosignalen. Auch hier wird das dB mit dem 20-fachen Logarithmus berechnet:

$$dB\ (Spannung)\ =\ 20\ x\ log\ \frac{U_1\ (in\ Volt)}{U_2\ (in\ Volt)}$$

Leider gibt es hier eine verwirrende Vielfalt von Bezugspegeln:
Gemessen wird an einem Widerstand (Verbraucher) von 600 Ω, an dem eine Leistung von 1 mW umgesetzt wird. Wenn dabei eine Spannung von 0,775 V anliegt, wird das als U_0 in der Nachrichtentechnik definiert = 0 dB_U (manchmal auch als dB_m bezeichnet). In Funkhäusern und Tonstudios gilt allerdings der Pegel gemessen an 1,55 V = 0 dB_r (r bedeutet hier relativer Spannungspegel; gelegentlich wird auch die Bezeichnung dB_F verwendet, F = Funkhauspegel). 0 dB_r, bzw. 0 dB_F entsprechen somit +6 dB_U.

141

In angelsächsischen Ländern wird der absolute Spannungspegel auf 1 V bezogen = 0 dB$_V$ (V für Volt) und entspricht damit +2,2 dB$_U$.

International ist zudem ein relativer Spannungspegel von +4 dB$_U$ (=1,23 Volt) gebräuchlich (z.B. bei Profikameras und Recordern), der ebenfalls als 0 dB$_r$ definiert wird.

Schließlich gibt es noch den Pegel für Consumer-Geräte, dort entsprechen 0 dB einem Pegel von -10 dB$_V$ (= -7,8 dB$_U$).

Immerhin, so schlimm ist das alles nicht, denn es gilt immer:

0 dB ist der Referenzpegel, die Aussteuerungsgrenze des jeweils benutzten Gerätes

6 dB sind eine Verdoppelung oder Halbierung des Pegels,

10 dB sind eine Verdoppelung oder Halbierung der empfundenen Lautstärke.

Eine Ausnahme ist allerdings noch für professionelle Digitalrecorder gegeben: Zwar beginnt auch hier eine Übersteuerung erst bei mehr als 0 dB, aber da diese auf jeden Fall vermieden werden muss, gilt hier -9 dB als Vollaussteuerung. Um das zu verdeutlichen wird hier die Bezeichnung dB$_{FS}$ (FS für "FullScale") verwendet. -9dB$_{FS}$ entsprechen + 6dB$_U$ = 1,55 Volt.

142

Zur Veranschaulichung sind nachfolgend dB_{FS}, dB_r, dB_U, dB_V und Volt aufeinander bezogen dargestellt. (Zum Beispiel: -9 dB_{FS} = 0 dB_r = 6 dB_U = 3,8 dB_V = 1,55 Volt)

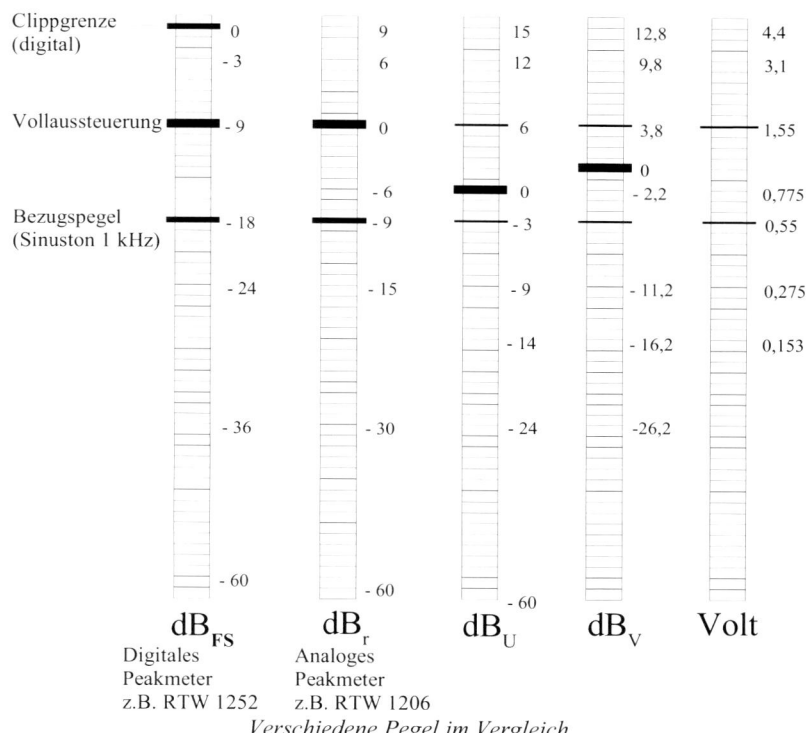

Verschiedene Pegel im Vergleich

Die obigen Angaben beziehen sich auf Spannungspegel, mit denen üblicherweise in der Tontechnik gearbeitet wird. Genaugenommen sind es Spitzenpegel oder auch Peaklevel (= U_S), also der Spannungswert zwischen Null Volt und der größten (positiven oder negativen) Spannung (= V_P, siehe auch bei "Wechselstrom").

Wenn man Spannungspegel jedoch auf die Leistung bezogen betrachtet, muss man sie anders berechnen: Die Grundlage ist dabei, wie hoch müsste eine Gleichspannung sein, um das gleiche zu leisten wie die gegebene Wechselspannung. Es müsste also ein leistungsbezogener Spannungswert, der Effektivwert (U_{eff}), gebildet werden. Für eine sinusförmige Spannung ist das relativ einfach: $U_{eff} = U_S \times \sqrt{1/2}$ das ist (gerundet) das 0,7-fache der Sinus-Wechselspannung. Nun sind Audiosignale normalerweise wesentlich

143

komplexere Signale als Sinus-Signale, entsprechend aufwändiger ist die Berechnung des Effektivwertes. Als Näherungswert kann jedoch die obige Formel verwendet werden (- das ist dann der sogenannte "Quasi-Effektivwert"). Der Effektivwert wird auch als RMS (Root Mean Square) bezeichnet. Verwendet wird der Effektivwert beispielsweise beim Einpegeln der Abhörlautstärke in Studios.

Schließlich hat man es auch gelegentlich mit leistungsbezogenen Pegeln zu tun, zum Beispiel um die Ausgangsleistung für Lautsprecher zu berechnen. Diese Pegel werden mit dem 10-fachen Logarithmus berechnet:

$$dB \text{ (Leistung)} \;=\; 10 \times \log \frac{P_1 \text{ (in Watt)}}{P_2 \text{ (in Watt)}}$$

Deswegen verhält es sich dabei anders mit Dämpfung und Verstärkung: Hier bedeutet ein Unterschied von 3 dB eine Verdoppelung, bzw. Halbierung des Pegels.

Weiterhin werden Pegel noch in die Begriffe absolut und relativ unterschieden. Ein absoluter Pegel bezieht sich auf einen festen Referenzwert, z.B. das dB_{SPL} auf Schalldruck, ein relativer Pegel bezeichnet ein Verhältnis zweier Pegel zueinander, z.B. den Abstand zwischen einem bestimmten Maß an Verzerrung (maximale Aussteuerung, bzw. Lautstärke) und einer minimalen Aussteuerung bei der ein bestimmter Rauschpegel noch nicht störend wirkt. Eine CD kann beispielsweise eine Dynamik von 80 dB aufweisen.

Signalübertragung

asymmetrisch: Diese Kabel sind mit Cinchstecker (englisch = RCA-plug), zweipoliger Klinke oder dreipoliger Stereoklinke ausgestattet. Ein Leiter führt das Tonsignal, die ihn umgebende Abschirmung dient als Rückleitung/Erdung (Koaxialkabel). Längere Kabelwege, insbesondere bei Mikrofonen, sind problematisch.

symmetrisch: Die Kabel sind mit XLR-Stecker oder dreipoliger Klinke ausgestattet. Zwei Leiter in einer gemeinsamen Abschirmung transportieren das Signal: Das eigentliche Signal ("Line"oder "+" oder "Hot") und als Rückleitung das gleiche Signal phasengedreht ("Return" oder "–" oder "Cold").
Eventuelle Störsignale wirken in gleicher Weise auf Line und Return und werden im nachfolgenden Übertrager, der die Phasen wieder "zurückdreht", somit ausgelöscht, bzw. neutralisieren sich selbst. Lange Kabelstrecken sind dabei unproblematisch.

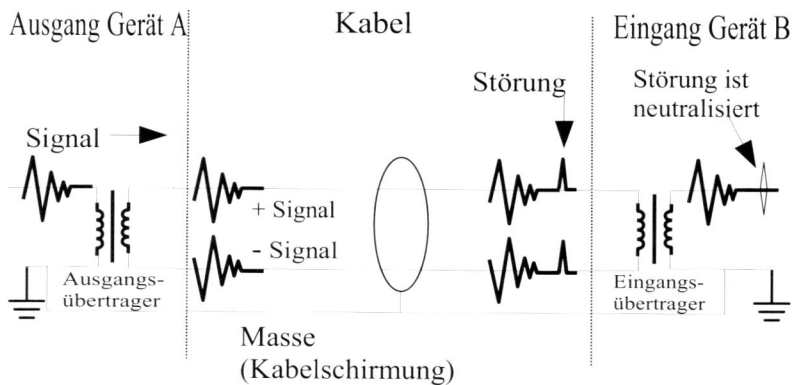

Unterdrückung von Störungen bei symmetrischer Übertragung

Bei diesem Beispiel wird das Signal von einem Übertrager symmetriert. Die Abschirmung wird dabei (außer bei Mikrofonen) nicht als Rückleitung/Erdung benötigt und kann daher bei Brummstörungen an einem Kabelende aufgetrennt werden (siehe unten).
Übertrager sind nur aufwändig zu realisieren. Günstiger ist die Symmetrierung mit elektronischen Schaltungen zu erreichen, die deswegen meistens verwendet werden.

Die Auslöschung von Störsignalen bei der symmetrischen Übertragung basiert darauf, dass ein Störsignal im Line- und im Return-Leiter eine gleich große Wirkung hat. In der Praxis gibt es aber geringe Unterschiede, das von einer Quelle ausgehende Störsignal wird in den meisten Fällen Line und Return nicht ganz gleichmäßig treffen, denn einer der beiden Leiter wird wahrscheinlich der Störquelle etwas näher liegen und den anderen Leiter gegenüber dem Störsignal ein wenig abschatten. Um dem Abhilfe zu verschaffen, sind die Leiter in einem Mikrofonkabel miteinander verdrillt. Weitergehend ist das Star-Quad-Kabel: Es enthält vier miteinander verdrillte Leitungen, je zwei für Line und Return. Die Leiter für das jeweilige Signal liegen sich dabei gegenüber, so dass Line und Return nun gegenüber den Störsignalen die gleiche Angriffsfläche bieten.

Beim XLR-Stecker ist die Belegung: Pin 1 = Erdung/Abschirmung, Pin 2 = Line, Pin 3 = Return. Dabei sollte das Stecker-Gehäuse übrigens nicht mit dem Erdungskontakt (Pin 1) verbunden sein, um das Fließen von Störpotentialen über diesen Weg zu verhindern (siehe Brummstörungen). (Achtung: XLR-Verbindungen werden gelegentlich auch für Lautsprecher verwendet, dann haben die einzelnen Leiter einen größeren Querschnitt, aber es gibt keine Abschirmung, d.h. diese Kabel sind für Line- oder Mikrofonsignale ungeeignet!) Für den Klinkenstecker ist die symmetrische Belegung: Schaft = Erdung/Abschirmung, Ring (Mitte) = Return, Tip (Spitze) = Line.

Nicht selten tritt der Fall auf, das ein symmetrisches Gerät mit einem asymmetrischen verbunden werden soll. Wenn kein Adapter zur Hand ist, läßt sich ein entsprechendes Verbindungskabel einfach herstellen: Von symmetrisch auf asymmetrisch: Die symmetrische Übertragung sollte so lange wie möglich erhalten bleiben. Erst beim asymmetrischen Stecker erfolgt die Wandlung, hier werden die Erdung (XLR = Pin 1, bzw. Klinkenstecker = Schaft) und die Rückleitung (XLR = Pin 3, bzw. Klinkenstecker = Ring) zusammengeführt und an die Stecker-Abschirmung gelötet. Die Signalleitung (XLR = Pin 2, bzw. Klinkenstecker = Tip) wird am Mittenkontakt befestigt.

Adaptierung von symmetrischen auf asymmetrische Signale

146

Pegelanpassung

Problematisch ist der Anschluss eines Line-Ausgangs an einen Mikrofoneingang. Der Pegel des Line-Ausgangs mit -10 dB$_V$ = 0,316 V (z.B. CD-Player) oder + 4 dB$_U$ = 1,23 V (z.B. Betacam-SP-Player) ist etwa tausend mal so hoch wie ein Mikrofonpegel (je nach Mikrofon etwa 0,001 V, bzw. - 60 dB), der Eingangsverstärker des Mikrofoneingangs erzeugt dann eine starke Verzerrung. Zum Anpassen des Line-Pegels wird ein Spannungsteiler benötigt, den man auch selbst anfertigen kann:

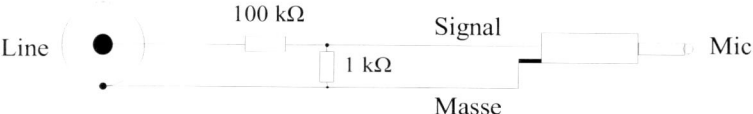

Anpassung eines Linesignals auf einen Mikrofon-Eingang

Hier ist eine asymmetrische Verbindung dargestellt. Zwischen einem Linestecker (z.B. Cinch) und dem Mikrofonstecker (Klinke) wird in die Signalleitung ein 100 kΩ Widerstand eingelötet, ein weiterer Widerstand mit 1 kΩ verbindet die Signalleitung (zwischen dem 100 kΩ Widerstand und dem Mikrofonstecker) mit der Masseleitung.

Im umgekehrten Fall, wenn ein Mikrofonsignal auf einen Line-Eingang angepasst werden soll, wird ein Verstärker benötigt, praktischerweise sollte man dafür ein Mischpult verwenden.

Bei der Verwendung professioneller Mikrofone kann es passieren, dass diese zu hochpegelig für manche Mikrofoneingänge sind. Dann können Dämpfungsglieder dazwischen gesteckt werden, die das Signal um 10 oder 20 dB dämpfen.

Digitale Übertragung

Für die digitale Übertragung von Audiosignalen haben sich zwei Standards durchgesetzt:

Im professionellen Bereich gibt es die AES/EBU-Norm (Audio Engineering society / European Broadcasting Union). Verwendet wird dabei ein symmetrisches Kabel (110 Ω Wellenwiderstand) mit XLR-Anschlüssen, dabei können zwei Tonkanäle mit maximal je 24 bit transportiert werden. Jede 24 Bit Information ist eingebettet in einen Subframe. Der Subframe mit insgesamt 32 bit beginnt mit einem 'Preamble' (4 bit, die den Beginn des Subframes und die Zuordnung zu einem Audiokanal eindeutig markiert, vergleichbar mit einem Video-Synchronsignal), dann folgt die Audio-Information eines Kanals mit 24 bit, danach folgt ein 'Validity-bit', das besagt, dass ein gültiges, auswertbares Datenwort vorliegt. Darauf folgt ein User-Data-bit, das vom Benutzer frei belegbar ist. Anschließend kommt ein 'Channel-Status-bit', das über 192 Subframes gesammelt wird und dann einen Informationsblock mit 24 Bytes bildet, der die Kanal- und Signaleigenschaften übermittelt (AES/EBU-Norm oder S/PDIF-Format, ob eine Emphasis vorliegt, welche Abtastfrequenz verwendet wird, etc.). Abschließend im Subframe wird ein Parity-bit übertragen, das zur Fehlererkennung genutzt wird. Je zwei Subframes, die alternierend die beiden Tonkanäle übertragen, bilden einen Frame und 192 Frames bilden einen Datenblock.

Im Consumer-Bereich wird der S/PDIF-Standard (Sony/Philips Digital Interface) verwendet, sowohl asymmetrisch über Kupferkabel mit Cinch-Steckern (75 Ω Wellenwiderstand), wie auch optisch über Glasfaser-Kabel mit dem sogenannten Toslink-Stecker (Toshiba-Link). Die Übertragung erfolgt mit 20 bit, optional sind 24 bit möglich.

Brummstörungen
Eine Brummstörung besteht aus den 50 Hz Schwingungen des Netzstroms und in abgeschwächter Form den Vielfachen dieser Frequenz. Die Ursache für eine Brummstörung kann ein schlecht abgeschirmtes Kabel oder Gerät sein, auf das Einstreuungen aus einem anderen Gerät einwirken. Wenn das störende Gerät nicht abgeschaltet werden kann, sollte es zumindest in größerer Entfernung platziert werden.
Häufiger ist die Ursache jedoch, dass eine Mehrfach-Erdung oder Brummschleife entstanden ist: Die einzelnen Geräte werden dabei über den Schutzkontakt der Steckdose geerdet und gleichzeitig über die Signalleitung von anderen geerdeten Geräten. Der Schutzleiter eines Gerätes dient nicht nur der elektrischen Sicherheit, darüber fließen auch die auf die Abschirmungen einwirkenden Einstreuungen ab. Da aber alle Erdungsverbindungen kleine, leicht differierende Widerstände haben, werden die Einstreuungen unterschiedlich gut abgeleitet, die Störungen suchen sich den Weg mit dem geringsten Widerstand. Wenn das die Signalleitungen sind, fließen darüber nun die Ausgleichsströme, es ist eine Brummschleife entstanden.
Eine Brummschleife kann durch eine "sternförmige" Erdung vermieden werden: Alle Geräte werden über Netzverteiler an einem zentralen Punkt geerdet, es dürfen keine Erdungs-Querverbindungen entstehen. Diese Querverbindungen sind bei symmetrischen Audioverbindungen unproblematisch zu beseitigen: Hier werden die Abschirmungen, die auch das Erdungspotential transportieren, nicht für die Signalführung benötigt. Die Abschirmung kann an einem Kabelende aufgetrennt werden, am anderen Kabelende muss die Abschirmung aber verbunden bleiben, denn sonst können Einstreuungen nicht mehr abgeleitet werden. Ob die Abschirmung am Input oder am Output aufgetrennt wird, ist egal, aber es sollte innerhalb einer Anlage immer die gleiche Seite sein. Kabel mit nicht

durchgehender Abschirmung sollten gekennzeichnet sein, denn sie dürfen nicht für Mikrofone verwendet werden. Mikrofone haben kein eigenes Erdungspotential, daher könnten Einstreuungen nun nur noch über die Signalleitungen abfließen und wären also bestens hörbar, zum anderen wird bei Mikrofonen die Abschirmung für die Phantomspeisung benötigt.

Brummschleifen können auch durch Übertrager unterbunden werden. Da das Signal in Übertragern elektromagnetisch weitergeleitet wird, besteht kein Erdungskontakt mehr. Als Übertrager bieten sich D.I.-Boxen (Direct Injection-Box) an. Die Erdung kann hier mit dem "Ground-Lift"-Schalter beibehalten oder unterbrochen werden. Gleichzeitig kann ein asymmetrisches Signal in ein symmetrisches gewandelt werden.

Keinesfalls jedoch darf eine Brummschleife durch Abkleben oder deinstallieren der Schutzkontakte unterbrochen werden. Das ist bei defekten Geräten oder einem unterbrochen Nullleiter lebensgefährlich!

Technische Qualitätsmerkmale bei Audiogeräten

Klirrfaktor
Der Klirrfaktor (englisch: Total Harmonic Distortion = THD) bezieht sich auf nicht-lineare Verzerrungen. Der Gesamt-Klirrfaktor ist das Verhältnis zwischen der Summe der Effektivspannungen aller zusätzlichen Schwingungen von nicht-linearen Verzerrungen und der effektiven Gesamtspannung des Signals. Der Klirrfaktor wird mit einem 1 kHz Sinuston (DIN 45403) ermittelt, indem zuerst der Effektivwert des Gesamtsignals gemessen wird, dann wird das 1 kHz-Signal mit einem Notchfilter aus dem verzerrten Signal ausgefiltert, der Effektivwert des verbleibenden Signals gemessen und als Prozentwert vom Gesamtsignal angegeben.

Headroom
Der Headroom (die Übersteuerungsreserve) ist der Geräte-Aussteuerungsbereich, der zwischen dem Arbeitspegel und einer unzulässigen Übersteuerung liegt. 'Zulässig' ist eine Übersteuerung, bei der ein bestimmter Klirrfaktor nicht überschritten wird. Für professionelle Digital-Rekorder befindet sich der Headroom z.B. zwischen -9 dB (Arbeitspegel/Vollaussteuerung) und 0 dB, wo die Verzerrung schlagartig einsetzt und sofort unangenehm wahrnehmbar ist. Bei analogen Geräten oberhalb des Arbeitspegels von 0 dB nimmt die Verzerrung langsam zu, der Headroom ist daher auch abhängig von Gerätetyp und Dolby-Schaltung. Rekorder haben einen Headroom von etwa 3 – 6 dB, Mischpulte können einen Headroom von 10 – 15 dB aufweisen.

Rauschabstand
Rauschen bezeichnet den Signalanteil an unerwünschten Tönen, die durch ungerichtete Elektronenbewegungen in elektronischen Schaltungen oder ungerichtete Magnetpartikel bei Aufzeichnungen hervorgerufen werden. Das Ohr ist dabei für höhere Frequenzen empfindlicher, als für niedrige, d.h. höhere Frequenzen fallen schon bei niedrigeren Pegeln auf. Um diesem Faktor gerecht zu werden, gibt es Bewertungen für Rauschpegel, die sich an der Wahrnehmungsgrenze orientieren: Eine ältere Norm ist die "A-Bewertung", die eigentlich für Hintergrund-Geräuschmessung in Gebäuden entwickelt wurde. Insbesondere im Bereich 1 – 10 kHz sind hier weniger kritische Pegel definiert, so dass der Rauschabstand bei Audiogeräten mit einer "A-Bewertung" 10 bis 13 dB besser erscheint. Vergleichsweise ähnlich sind sich die neueren Normen DIN 45401 und CCIR 468.

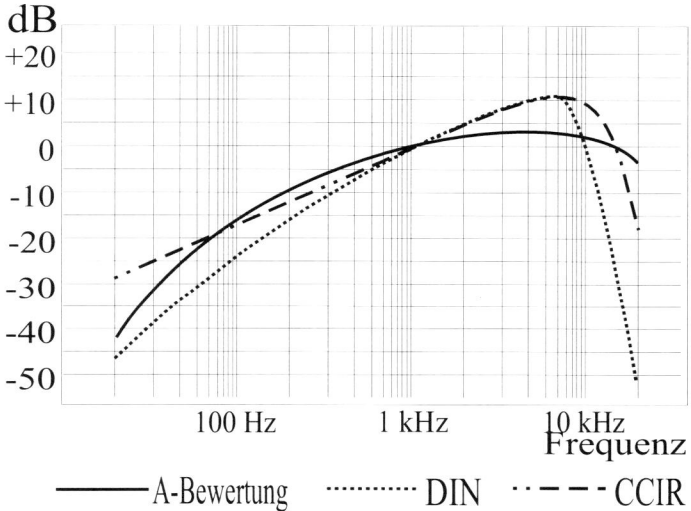

Rauschabstände bei verschiedenen Normen

Anhand des Rauschens wird der Rauschabstand (Signal to Noise Ratio = SNR), bzw. die Dynamik gemessen. Hier ist darauf zu achten, ob der Abstand zwischen Rauschpegel und Arbeitspegel (= 0 dB) oder zwischen Rauschpegel und der maximal möglichen Aussteuerung (Headroom) gemeint ist.

Gleichlauf
"Wow and Flutter" sind Phänomene, die analoge Bandaufzeichnungsgeräte oder Plattenspieler betreffen. Kleine Geschwindigkeitsschwankungen, bei langsamerem Bandlauf "Wow" und bei schnellerem "Flutter", rufen Klangveränderungen hervor. Auch hier ist zur Messung ein Bewertungsfilter üblich, der die Wahrnehmbarkeit der Klangveränderung berücksichtigt (Weighted Root Mean Square = WRMS). Gute Geräte arbeiten mit weniger als 0,02% Toleranz.
Gleichermaßen wichtig ist, dass die definierte Sollgeschwindigkeit eines Gerätes auf Dauer eingehalten wird, um den Austausch von Tonträgern zwischen verschiedenen Geräten zu gewährleisten.

Ein- und Ausgänge
Für anspruchsvollere Anwendungen sollten Geräte mit symmetrischen Ein- und Ausgängen versehen sein. Im Broadcastbereich ist es üblich, mit symmetrischer Signalführung zu arbeiten, da die Störanfälligkeit gegenüber

151

elektrischen und elektromagnetischen Feldern geringer ist.

XLR-Anschlüsse sind Klinkensteckern vorzuziehen, da sie mechanisch stabiler sind und einen besseren Kontakt gewährleisten.

Mikrofone

Für den guten Klang eines Mikrofons gibt es mehrere wichtige Kriterien, die eine Rolle spielen, z.B. der Rauschabstand, die Dynamik, das Impulsverhalten und der Frequenzgang. Die meisten Probleme bei Tonaufzeichnungen entstehen allerdings durch eine ungünstige Positionierung des Mikrofons. Wenn zu viele und zu laute Nebengeräusche den Ton stören oder unverständlich werden lassen, war das Mikrofon schlicht zu weit entfernt von der Tonquelle, auf die es ankam. Nebengeräusche lassen sich später bei der Tonbearbeitung nur schwer oder auch gar nicht ausfiltern, man muss sie von Anfang an vermeiden. In der Praxis heißt das: Näher ran an die Tonquelle (Sprecher, Sänger, Interviewpartner,..), dadurch wird die Tonquelle deutlich lauter für das Mikrofon, die Aussteuerung kann niedriger sein, und die Nebengeräusche werden relativ zur Tonquelle viel leiser.

Und nun zu den technischen Kriterien:

Übertragungsfaktor

Der Übertragungsfaktor (auch: Feld-Leerlauf-Übertragungsfaktor) beschreibt die Empfindlichkeit eines Mikrofons. Er gibt an wieviel Milliwatt das Mikrofon abgibt, wenn ein Schalldruck von einem Pascal, gemessen bei einer Frequenz von einem kHz, auf die Membran trifft. Für ein dynamisches Mikrofon ergibt sich dabei etwa ein Wert von 1 3 mV/Pa.

Daraus lässt sich das Übertragungsmaß ableiten, der Pegel, der an einem Vorverstärker (in Kamera oder Mischpult) eingestellt werden muss. Es ist ein logarithmiertes Maß, dass mit Hilfe eines Bezugs-Übertragungsfaktors (= 10V/Pa) errechnet wird:

$$\text{Übertragungsmaß (dB)} = 20 \times \lg \frac{\text{Übertragungsfaktor}}{\text{Bezugs-Übertragungsfaktor}}$$

Für ein Kondensator-Mikrofon mit einem Übertragungsfaktor von 5 - 12 mV/Pa errechnet sich damit ein Übertragungsmaß von -66 bis -58 dB, ein dynamisches Mikrofon kommt dabei auf -80 bis -70 dB. Das Mikrofon-Signal muss also um diesen Wert angehoben werden, bis es einem Line-Pegel entspricht.

Geräuschspannungsabstand

Ein Mikrofon gibt auch ohne Schalleinwirkung ein Eigenrauschen ab. Es handelt sich dabei um temperaturabhängige spontane und ungerichtete

Elektronenbewegungen oder um die Wärmebewegung von Luftmolekülen gegen die Mikrofonmembran. Nur beim absoluten Nullpunkt (0 Kelvin, bzw. -273 Grad Celsius) wären elektronische Schaltungen rauschfrei. Das Phänomen betrifft sowohl Mikrofone mit Stromspeisung wie auch dynamische Mikrofone. Auch bei letzteren entsteht ein Rauschen in der Spule oder dem Bändchen, sowie in den Ausgangstransformatoren.

Der Geräuschspannungsabstand gibt das Verhältnis an, von der Spannung des Eigenrauschens zu der Spannung, die das Mikrofon bei einem Schalldruck von 1 Pascal (entspricht einem Schalldruckpegel von 94 dB) und einer Frequenz von 1 kHz abgibt.

$$\text{Geräuschspannungsabstand (dB)} \quad = \quad 20 \quad x \lg \quad \frac{\text{Spannung bei 1 Pa / 1 kHz (V)}}{\text{Geräuschspannung (V)}}$$

Für die Geräuschspannung gibt es die internationale Norm CCIR 468, bzw. die deutsche Norm DIN 45405. Danach liegt der Geräuschspannungsabstand für Kondensator-Mikrofone bei etwa 20 dB. Leider findet sich in manchen Geräteunterlagen noch die früher benutzte "A-Bewertung" für Geräuschspannungsabstand, die zu etwa 9 - 13 dB besseren Werten führt.

Ebenfalls eine ältere Bezeichnung ist die Ersatzlautstärke, das ist der Pegel, den ein Mikrofon ohne Schalleinwirkung abgibt, also das Eigenrauschen. Diesen Wert erhält man, wenn man den Geräuschspannungsabstand von 94 dB subtrahiert.

Dynamik

Die Dynamik ist das Verhältnis zwischen dem Eigenrauschen und dem Grenzschalldruck. Die Dynamik eines Mikrofons ist zumeist deutlich höher als der Geräuschspannungsabstand (- der ja bei einem Schalldruckpegel von 94 dB bestimmt wird). In der Praxis werden Werte um 100 dB erreicht.

Grenzschalldruck

Der Grenzschalldruck eines Mikrofons ist erreicht, wenn die Verzerrungen ein bestimmtes Maß überschreiten, d.h., wenn der Klirrfaktor (bei 1 kHz) mehr als 0,5 % beträgt. Kondensatormikrofone erreichen dabei Werte von etwa 125 – 135 dB, dynamische Mikrofone liegen bei über 140 dB, d.h. in der Praxis wird dieser Wert nicht erreicht, so dass hier auf die Angabe eines Grenzschalldrucks verzichtet wird.

Impulsverhalten

Das Impulsverhalten bezeichnet die Fähigkeit eines Mikrofons, eine Schallwelle mit steilen Flanken möglichst genau in ein elektrisches Signal zu transformieren. Einen besonders starken Einfluss dabei hat die Masse der

Membran, also deren Trägheit. Die Membran widersetzt sich zunächst dem Schallimpuls, sie schwingt langsamer ein. Auch wenn der Impuls endet, "bremst" die Membran nicht sofort ab, sondern schwingt aufgrund der Massenträgheit noch ein wenig weiter, sie gerät ins "überschwingen".

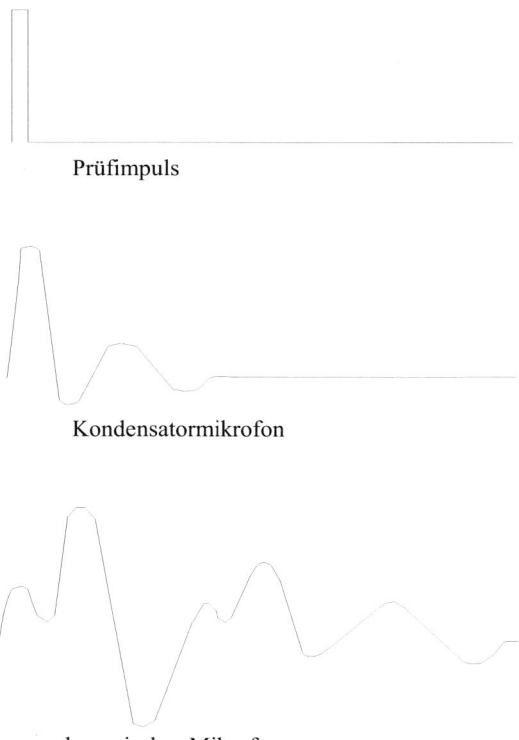

Prüfimpuls

Kondensatormikrofon

dynamisches Mikrofon

Frequenzgang

Der Frequenzgang oder auch Übertragungsbereich sagt aus, wie stark ein Mikrofon das Eingangssignal verändert, also welche Anhebungen oder Abschwächungen in den einzelnen Frequenzbereichen stattfinden. Eine Frequenzkurve ist ein wichtiges Mittel zur Beurteilung der Qualität eines Mikrofons. Die Aussage, ein Mikrofon hätte einen Frequenzgang von z.B. 20 Hz bis 20 kHz, besagt zunächst wenig. Es heißt nur, dass es alle diese Frequenzen irgendwie verarbeiten kann, dabei kann es immer noch basslastig, höhenlastig, verzerrt oder schlicht dumpf klingen. Wichtig ist daher immer die zusätzliche Angabe einer Toleranz, also welche

Abweichung in dB für den genannten Frequenzgang zulässig ist. Noch besser ist eine beigelegte Frequenzkurve mit einem Meßprotokoll. Gute Mikrofone haben eine Toleranz von ± 2 dB. Andererseits müssen Mikrofone mit stärkeren Abweichungen vom idealen Frequenzgang nicht schlecht sein, sie können auch eine durchaus erwünschte Klangfarbe aufweisen.

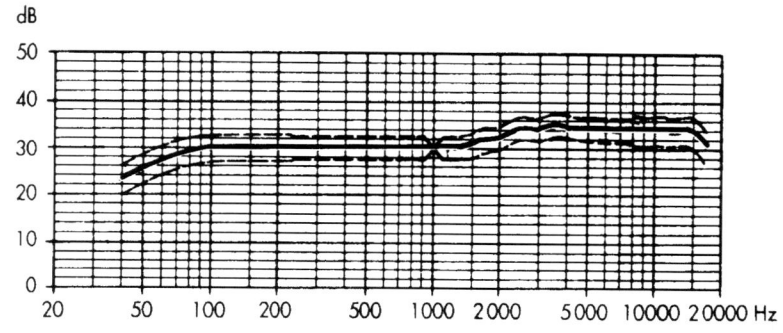

Frequenzgang des dynamischen Mikrofons Sennheiser MD 421 mit Nierencharakteristik. Die Messkurve ist die mittlere Linie, die obere und untere Linie bilden das Toleranzfeld mit +/- 2 dB ab. Bei 1000 Hz liegt der Referenzwert, daher ist dort keine Toleranz angegeben.

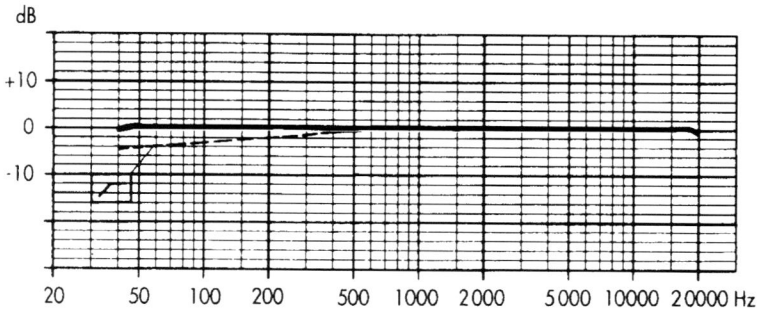

Zum Vergleich: Frequenzgang des Kondensatormikrofons Sennheiser MKH 40 mit Nierencharakteristik. Im Bassbereich zeigt die nach unten abgehende gestrichelte Kurve den Frequenzgang mit der zugeschalteten Bassabsenkung an. Hier ist das Toleranzfeld nicht eingezeichnet, der Toleranzwert wird mit +/- 2dB angegeben.

Schallwandler

Vorwiegend werden im Broadcast-Bereich Mikrofone mit elektrodynamischer Schallwandlung und Kondensator-Typen verwandt, selten piezoelektrische Typen.

155

Eine Art der elektrodynamischen Schallwandler ist das **Tauchspulen-Mikrofon**. Hier ist an der Membran eine kleine Spule befestigt, die angeregt durch die Membranbewegung sich in einem permanent-magnetisches Feld bewegt. So wird eine elektrische Spannung in die Spule induziert, die damit eine elektrische Abbildung des Schallereignisses darstellt und somit als Audiosignal verwendet werden kann.

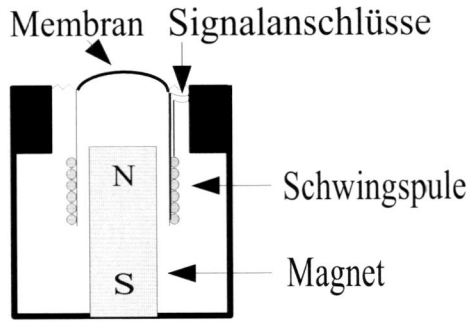

Tauchspulen-Mikrofon

Problematisch ist hierbei, dass die Masse der Spule das System mechanisch relativ träge werden lässt, Schallimpulse werden verzögert. Zusätzlich dazu findet wie bei jeder Spule eine Selbstinduktion statt, die Schallschwingungen können also nicht genau abgebildet werden. Es findet eine Verzerrung statt, die allerdings als "Klangfarbe" durchaus erwünscht sein kann. Die Ausgangsleistung von elektrodynamischen Mikrofonen ist vergleichsweise gering, typisch: etwa 1-3 mV/Pa. Andererseits sind elektrodynamische Mikrofone mechanisch relativ unempfindlich, weisen kaum zusätzliche Verzerrungen bei sehr hohen Schalldrücken auf und benötigen keine Stromversorgung.

Eine andere Art des elektrodynamischen Mikrofons ist das **Bändchenmikrofon**. Ein Aluminiumstreifen mit 2-4 mm Breite und einigen Zentimetern Länge wird mittels des Schalldrucks durch ein Magnetfeld bewegt, dadurch wird eine Spannung induziert. Das Bändchenmikrofon hat dabei ein gutes Impulsverhalten und einen linearen Frequenzgang, ist aber sehr empfindlich gegen Erschütterungen, schnelle Bewegungen und Wind.

Bei **Kondensator-Mikrofonen** bilden die elektrisch geladene Membran und eine Gegenelektrode einen Kondensator. Durch Schallimpulse wird die Membran auf die Gegenelektrode zu- oder wegbewegt, der "Plattenabstand" des Kondensators verändert sich also, so dass mehr oder weniger Strom den Kondensator durchfließt. Dieser Strom wird dann noch im Mikrofon verstärkt, so dass eine relativ hohe Ausgangsleistung zur Verfügung steht, typisch: 5-50 mV/Pa. Da bei Kondensator-Mikrofonen, im Gegensatz zu Tauchspulen-Mikrofonen, die Massenträgheit der Membran und Selbstinduktion von Spulen kaum eine Rolle spielen, kann eine sehr genaue Abbildung des Schallereignisses, also ein linearer Frequenzgang erreicht werden.

Kondensator-Mikrofone benötigen immer eine Stromversorgung. Die Stromspeisung wird von entsprechend ausgestatteten Mischpulten, Kameras oder externen Speiseteilen bereitgestellt. Üblicherweise wird heute die 48 Volt Phantomspeisung verwendet, die direkt an die Membran und die Gegenelektrode angelegt wird. Die Phantomspeisung nach DIN 45596, die gebräuchliche Abkürzung lautet P 48, versorgt die Mikrofone über die beiden Tonadern je zur Hälfte mit Gleichstrom gleicher Polarität, die Rückleitung erfolgt über die Abschirmung. (Das ist nur bei symmetrischer Leitungsführung möglich.) Da an beiden Tonadern die gleiche Polarität anliegt, können auch elektrodynamische, symmetrisch erdfrei beschaltete Mikrofone an Anschlüssen mit aktivierter Phantomspeisung betrieben werden. Zu beachten ist, dass es auch Mikrofone und Phantomspeisungen für 12 Volt und 24 Volt gibt (P 12, bzw. P 24).

Weniger gebräuchlich ist heute die Tonaderspeisung mit 12 Volt nach DIN 45595 (T 12). Hierbei wird an die eine Tonader +12 Volt, an die andere -12 Volt angelegt. Die Mikrofonschaltung muss dabei nicht symmetrisch sein, darf dabei aber nicht elektrisch mit dem Gehäuse oder Kabelschirm verbunden sein. Trennkondensatoren halten dabei die Speisespannung von den nachfolgenden Verstärkern fern. Tonaderspeisung führt bei Mikrofonen, die nicht dafür ausgelegt sind, zu Verzerrungen und kann diese auch zerstören.

Eine Variante der Kondensator-Mikrofone sind die **Elektret-Kondensator-Mikrofone**. Sie arbeiten nach dem gleichen Prinzip, benötigen aber eine weniger aufwändige Stromspeisung, da bei ihnen eine polarisierte Membran verwendet wird. Bei der Herstellung werden Ladungsträger in die Membran eingearbeitet, ausgerichtet und dann im weiteren Herstellungsprozess "eingefroren", so dass nun eine konstante Ladung besteht. Nunmehr ist nur eine Verstärkung des Signals erforderlich, die durch eine Batterie erfolgen kann. Oftmals sind Elektret-Kondensator-Mikrofone wahlweise aber auch mit Phantomspeisung zu betreiben.

Selten genutzt werden heute **Piezoelektrische Mikrofone**. Bei ihnen reagieren Kristalle auf den mechanischen Druck einer Schallwelle mit einer Ladungsverschiebung. Die entstehenden Spannungsunterschiede zwischen den beiden Seiten des Kristalls werden dann an den Mikrofonverstärker weitergegeben. Nachteilig bei diesem Mikrofontyp ist eine starke Temperaturabhängigkeit.

Nicht geeignet für Broadcast-Zwecke sind **Kohlemikrofone** (Kontaktmikrofone). Der Wandler enthält feine Kunstkohle-Körnchen, die bei Schalldruck-Einwirkung zusammengepresst werden und dabei ihren elektrischen Widerstand verringern. Sie haben zwar einen hohen Wirkungsgrad, aber starke Verzerrungen und einen schlechten Frequenzgang. Sie werden vorwiegend in der Fernsprechtechnik verwendet.

Richtcharakteristik
Mikrofone werden im wesentlichen mit den nachfolgenden Richt-charakteristika angeboten:
– Kugelcharakteristik: Das Mikrofon ist im Idealfall in alle Richtungen gleich empfindlich.
– Achtercharakteristik:Das Mikrofon ist, bezogen auf die Membran, nach vorne und hinten gleich empfindlich, zu den Seiten nimmt die Empfindlichkeit ab.
– Nierencharakteristik: Das Mikrofon ist vorwiegend nach vorne empfindlich, erst ab etwa 45° seitlich (bei höheren Frequenzen) nimmt die Empfindlichkeit ab, die größte Auslöschung findet bei 180° statt.
– Supernierencharakteristik: Stärker ausgeprägt als die Nierencharakteristik, ab etwa 30° seitlich (bei höheren Frequenzen) nimmt die Empfindlichkeit ab.
– Keulencharakteristik: Hier nimmt die Seitenempfindlichkeit schon bei etwa 15-20° (bei höheren Frequenzen) ab.

Die Richtcharakteristik eines Mikrofons kann mittels drei verschiedener Bauprinzipien hergestellt werden:

Druckempfänger haben eine geschlossene Mikrofonkapsel, das heißt, eine von außen kommende Schalldruckwelle bewegt die Membran unabhängig von der Richtung mit der sie auftrifft. Die Membran wird soweit in das geschlossene Innere der Kapsel gedehnt, bzw. gepresst, bis der Innendruck dem Außendruck entspricht, also ausgeglichen ist (oder die Dehnfähigkeit der Membran erreicht ist). Eine geschlossene Mikrofonkapsel ist nach allen Richtungen gleich empfindlich, man bezeichnet das als Kugelcharakteristik. In der Praxis ist die Richtung nicht ganz egal, da kürzere (Schall-) Wellenlängen durch Gehäusebauteile gegenüber der Membran abgeschattet werden können. Bei höheren Frequenzen ist also nicht mehr unbedingt eine Kugelcharakteristik gegeben.

Druckgradientenempfänger haben eine offene Mikrofonkapsel, die Membran ist von beiden Seiten der Schalldruckwelle ausgesetzt. Wesentlich für die Richtcharakteristik ist die Schalldruckdifferenz (Druckgradient) zwischen Vor- und Rückseite der Membran. Ein Schallereignis von vorne oder hinten führt zu einer maximalen Auslenkung, kommt das Schallereignis von der Seite, dann sind die Druckverhältnisse auf der Vor- und Rückseite der Membran identisch, es kommt zu keiner Auslenkung. Eine solche offene Bauweise, die Vor- und Rückseite der Membran gleichermaßen dem Schalldruck gegenüber exponiert, führt zu einer "Achter-Richtcharakteristik".

Andere Richtcharakteristika lassen sich dadurch erreichen, dass der Weg des Schalls zur Rückseite der Membran verlängert wird. Es werden Umwege, so genannte "akustische Laufzeitglieder", eingebaut, die bei rückwärtigem Schalleinfall zu einer Auslöschung des Schalldrucks führen, da nun der Schall gleichphasig auf Vor- und Rückseite der Membran auftrifft. Umgekehrt sorgen die Laufzeitglieder bei frontal einfallendem Schall mit zunehmender Frequenz für immer stärkere Phasendifferenzen zwischen Vor- und Rückseite der Membran. Die Phasendifferenzen bilden damit Druckunterschiede aus, die die Membran zum Schwingen bringen. Für tiefere Frequenzen (mit wesentlichen längeren Schallwellen) lässt sich das in den relativ kleinen Mikrofonkapseln bautechnisch nicht mehr realisieren. Das führt dazu, das die Richtwirkung von Druckgradientenempfängern mit zunehmender Frequenz steigt. Empfänger dieser Art haben eine "Nierencharakteristik".

Wenn aus kurzer Distanz, 1 Meter oder weniger, in einen Druckgradientenempfänger gesprochen wird, entsteht der so genannte "Nahbesprechungseffekt": Die tieffrequenten Anteile werden stärker übertragen. Dem frequenzabhängigen Druckgradienten wird durch die Nähe einer punktförmigen Schallquelle, wie dem Mund, ein frequenzunabhängiger Druckgradient überlagert. Bei größeren Entfernungen ist es nicht so sehr der Druckunterschied zwischen Vor- und Rückseite der Membran, als vielmehr die Phasendifferenz, die eine Membranbewegung auslöst, damit werden höhere Frequenzen aufgrund der Bauweise der Mikrofonkapsel "bevorzugt". Nahe des Mikrofons wirken die eigentlichen Druckunterschiede einer Schallwelle stärker als die Phasendifferenz. Das hängt auch mit der Form der Druckwellen zusammen, in der Nähe der Schallquelle, von der sie sich konzentrisch ausbreiten, haben sie eine stärkere Krümmung, in größerer Entfernung ist die Wellenfront nahezu eben, also ungekrümmt. Dieser Nahbesprechungseffekt kann bei 50 Hz eine Verstärkung von bis 15 dB gegenüber 1000 Hz ausmachen.

Interferenzempfänger: Um die Richtwirkung zu verbessern, können Mikrofone mit einem Richtrohr versehen werden. Dieses ist an der Vorderseite offen und hat seitliche Löcher oder Schlitze, die mit akustischem Dämpfungsmaterial versehen sind. Da somit seitlich

159

gleichzeitig einfallende Schallwellen nun einen unterschiedlich langen Weg zur Membran zurücklegen müssen, überlagern sie sich ganz oder teilweise gegenphasig und löschen sich mehr oder weniger aus (Interferenz). Die Richtwirkung hängt von der Länge des Richtrohrs ab. Bei höheren Frequenzen ist die Wirkung stärker, es entsteht eine keulenförmige Richtcharakteristik, bei niedrigeren Frequenzen ist die Richtcharakteristik schwächer, hier ist bestenfalls eine Nierencharakteristik zu erreichen.

Beispiele für Richtcharakteristika:

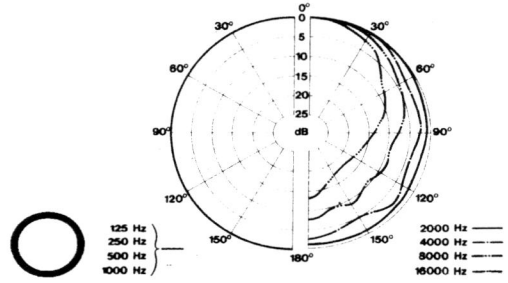

Kugelcharakteristik: Am Beispiel des Kondensatormikrofons Sennheiser MKH 20 sieht man, dass eine echte Kugelcharakteristik nur für die Frequenzen bis etwa 2000 Hz gegeben ist. Darüber hinaus entsteht aufgrund der kleineren Wellenlängen des Schalls doch eine Richtcharakteristik. Dennoch ist es heute allgemein üblich, bei Mikrofonen mit Kugelcharakteristik keine Richtdiagramme mehr in Prospekten anzugeben.

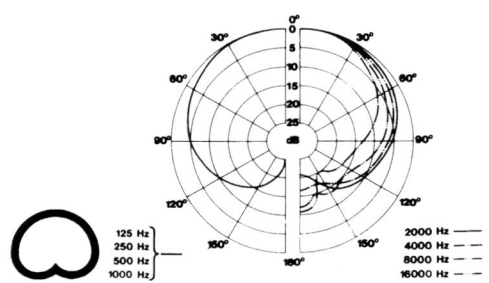

Nierencharakteristik (Sennheiser MKH 40)

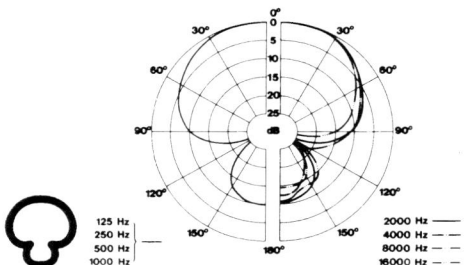

Supernierencharakteristik (Sennheiser MKH 50)

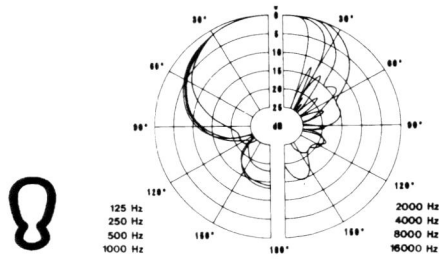

Keulencharakteristik (Sennheiser MKH 70)

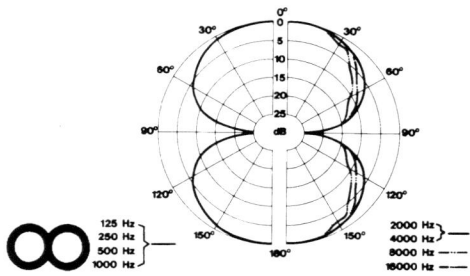

Achtercharakteristik (Sennheiser MKH 30)

Hallradius

Wird in einem Raum eine Schallwelle, z.B. durch eine menschliche Stimme oder einen Lautsprecher erzeugt, dann nimmt die Intensität des Direktschalls mit der Entfernung zur Schallquelle ab. Gleichzeitig nehmen die Anteile von Reflektion durch die Raumwände zu. Der Hallradius ist die Entfernung von der Schallquelle, bei der die Intensität des direkt von der Schallquelle

161

kommenden Schalls gleich der Intensität des von den Wänden reflektierten Schalls ist. Außerhalb des Hallradius bleibt der Schalldruck nahezu konstant, man spricht von einem "diffusen Schallfeld". Richtmikrofone können auch außerhalb des Hallradius platziert werden, da die Richtcharakteristik eine Vergrößerung des Hallradius bewirkt.

Bündelungsgrad

Der Bündelungsgrad gibt an, um welchen Faktor die Leistung von Direktschall bei einem Richtmikrofon größer wäre, im Vergleich zu einem Mikrofon mit Kugelcharakteristik bei gleicher Empfindlichkeit. Es handelt sich hierbei um ein Leistungsverhältnis und da gleichzeitig der Schalldruck einer Schallquelle im Quadrat zur Entfernung abnimmt, bedeutet das, dass man z.B. mit einem Richtmikrofon mit dem Bündelungsgrad 3 einen Besprechungsabstand von der Schallquelle wählen kann, der um den Faktor $\sqrt{3}$ (= 1,73) größer ist, als bei einem Mikrofon mit Kugelcharakteristik. Mikrofone mit Nierencharakteristik erreichen etwa den Bündelungsgrad 3, Supernieren etwa den Grad 4, eine Keulencharakteristik kann noch deutlich höher liegen.

Körperschall

Mikrofone nehmen den Schall nicht nur über die Luft auf, sondern auch mechanisch, also durch Berühren des Mikrofons, Anschlusskabels oder Ständers. Daher ist die Mikrofonkapsel mechanisch immer vom Gehäuse getrennt. Dennoch kann der Effekt nicht ganz vermieden werden, er wird zudem stärker, je ausgeprägter die Richtcharakteristik des Mikrofons ist. Mikrofone mit Keulencharakteristik sollten daher auch nicht direkt mit der Hand gehalten werden, sondern stets in einer elastischen Aufhängung befestigt sein.

Besondere Mikrofontypen

Ansteckmikrofone, die auch Knopf- oder Lavalier-Mikrofone genannt werden, haben eine besonders kleine Bauform. Die Mikrofonkapsel und der relativ große Vorverstärker sind getrennt und mit einem dünnen Kabel verbunden. Sie können unauffällig an der Kleidung oder in der Dekoration untergebracht werden und somit sehr nah an der Schallquelle platziert werden, ohne störend zu wirken. Die Nähe zur Schallquelle hat den Vorteil, dass Raumgeräusche nur noch wenig in den Ton mit einfließen. Nachteilig bei einer Befestigung an der Kleidung ist allerdings, dass die Gefahr von Körperschall-Übertragung wächst, denn bei Bewegungen reibt die Kleidung am Mikrofon oder dem Kabel.

Meistens haben die Ansteckmikrofone eine Kugelcharakteristik, seltener eine Nierencharakteristik, denn mit einer ausgeprägteren Richtcharakteristik wächst auch die Gefahr von Körperschall.

Grenzflächenmikrofone (englisch: PZM = Pressure Zone Microphones) machen sich die Tatsache zunutze, dass an großen Flächen im Raum (Wände, Böden, große Tische) der Schalldruck um bis zu 6 dB ansteigt. Während sich im Raum selbst, durch stehende Wellen, frequenz- und ortsabhängige Schalldruckmaxima und -minima ausbilden, liegt eine große Begrenzungsfläche immer in einem Schalldruckmaximum. An den Begrenzungsflächen wird auch die Raumakustik (Reflektionen von Wand, Boden und Decke) originalgetreu übertragen, damit werden dem Hörer gute Eindrücke von Raumgröße und -beschaffenheit vermittelt. Verzerrende Kammfiltereffekte (Auslöschungen und Verstärkungen durch die Überlagerung von Direktschall und Reflektion, wie es bei einem Mikrofon in der Raummitte geschieht) sind wesentlich schwächer.

Die Grenzflächenmikrofone haben im allgemeinen kleine Kondensator-Druckempfänger, die bündig in eine harte Platte eingelassen sind, so dass die Kapseln sich in einer möglichst geringen Entfernung von der Grenzfläche befinden und die Bauform des Mikrofons die Eigenschaften der Grenzfläche nicht verändert.

Großmembran-Mikrofone

Üblicherweise haben Mikrofonmembranen einen Durchmesser von bis zu 10 mm. Durch diese geringe Größe und die damit ebenfalls geringe Masse reagieren diese Membranen auch auf kleinste Impulse recht genau, also linear (eine gute Qualität des Mikrofons vorausgesetzt). Großmembranen haben hingegen einen Durchmesser von etwa 25 mm und somit mehr Masse und Trägheit, die schnelle Pegelanstiege bei 'explosiven' Lauten (z.B. beim "t") ein wenig abschwächen und somit ein homogeneres Klangbild hervorrufen. Gleichzeitig ist die dünne Membran in sich weniger stabil, sie flattert sozusagen ein wenig, aber das kann bei guter Abstimmung durchaus zu einem warmen, angenehmen Klangbild führen.

Drahtlose Mikrofone

Wenn kabelgebundene Mikrofone die Bewegungsfreiheit am Set zu sehr einschränken, werden drahtlose Mikrofone (auch: Sendemikrofone oder Mikroports genannt) verwendet. Grundsätzlich sind es normale Mikrofone, die mit einem Sender ausgestattet sind. Das Signal wird an einen Empfänger übertragen und kann dort an einem Ausgang mit Mikrofon- oder Linepegel abgegriffen werden. Die Sender werden unterschieden in Handsender, das sind handgehaltene Mikrofone mit eingebautem Sender und Taschensender, die an Ansteckmikrofone angeschlossen werden. Auf der Empfänger-Seite gibt es stationäre Anlagen, die den Empfang mehrerer Signale und die genaue Überwachung der Empfangsqualität ermöglichen, sowie Kleinempfänger für den mobilen Einsatz, die auch direkt an der Kamera befestigt werden können.

Für die Übertragung wird das niederfrequente Mikrofon-Signal (20 Hz – 20.000 Hz, kurz: NF-Signal) einem hochfrequenten Signal (kurz: HF-Signal) aufmoduliert und zwar im Frequenzmodulations-Verfahren (FM). Das FM-Verfahren bietet den Vorteil, dass auch bei schwankenden Funkübertragungspegeln (Feldstärken) das Signal korrekt wieder demoduliert werden kann. Ein amplitudenmoduliertes Signal, das mit wechselnden Feldstärken übertragen wird, würde in seiner Lautstärke und dem Frequenzgang verändert. Aber auch FM-Signale können gestört werden, durch Reflektionen des Signals an Wänden, sowie Abschattungen durch Hindernisse in der Funkstrecke. Reflektionen die sich dem ursprünglichen Signal überlagern bewirken Verstärkungen oder Abschwächungen der Feldstärke. Schon kleine Positionsveränderungen des Senders gegenüber dem Empfänger (in einem Raum) verändern die Feldstärke und wenn die minimal notwendige Feldstärke, die der Empfänger benötigt, unterschritten wird, gibt es ein Tonloch. Eine Verbesserung des Empfangs bewirkt das 'Diversity'-Verfahren, es verwendet zwei voneinander unabhängige Empfangsteile mit jeweils einer eigenen Antenne. Eine Vergleichsschaltung wertet die beiden Signale aus und schaltet das stärkere Signal auf den Ausgang des Empfängers.

Ein weiteres Problem ist das Eigenrauschen der HF-Funkstrecke. Daher werden in einem Kompander-Verfahren die senderseitigen NF-Signale zunächst komprimiert, schwächere Pegel also angehoben, bevor sie dem FM-Signal aufmoduliert werden und beim Empfänger dann nach der Demodulation wieder expandiert.

Gut ausgestattete Mikroport-Anlagen bieten die Möglichkeit, verschiedene benachbarte Übertragungsfrequenzen zu nutzen, so dass der gleichzeitige Betrieb mehrerer Sendemikrofone möglich ist.

Das Funksignal wird entweder für den professionellen Einsatz im 200 Mhz-Bereich (VHF = Very High Frequency) oder bei öffentlich-rechtliche Rundfunkanstalten in einem Bereich von 470 – 790 MHz (UHF = Ultra High Frequency) übertragen. Höhere Frequenzen sind dabei in der Regel unanfälliger für Störungen. Die Nutzung der Frequenzbereiche werden vom Bundesamt für Post und Telekommunikation geregelt. Es dürfen nur Geräte verwendet werden, die über eine Zulassungsnummer (früher: FTZ-Nummer) durch das Bundeszentralamt für Telekommunikation (BZT) verfügen.

Stereoaufnahme

Für die Aufzeichnung einer Tonaufnahme, die eine räumliche Wahrnehmung ermöglicht, gibt es verschiedene Möglichkeiten:
- Aufzeichnung durch separate Mono-Mikrofone auf getrennten Tonspuren, etwa bei einem Konzert. Den einzelnen Tonspuren wird erst bei der Mischung ein Ort im Stereopanorama zugewiesen.
- Aufzeichnung mit einem Stereo-Mikrofon (eigentlich zwei zusammengesetzte Mono-Mikrofone), dem bei der Mischung natürlich auch weitere Töne beigemischt werden können.
- Aufzeichnung mit zwei Mono-Mikrofonen in einer bestimmten Aufstellung. Bei diesem Verfahren gibt es zwei unterschiedliche Prinzipien, nach denen sich die Mikrofonverwendung und -aufstellung richtet:

Intensitäts-Stereophonie

Die Intensitäts-Stereophonie nutzt die unterschiedliche Lautheit von Tönen im Stereospektrum um dem Hörer eine räumliche Zuordnung zu ermöglichen. Auch dafür gibt es wiederum zwei Möglichkeiten:

Die **x/y-Stereophonie** verwendet zwei gleiche Richtmikrofone (zumeist mit Nierencharakteristik), die in geringem Abstand voneinander mit unterschiedlichen Ausrichtungen positioniert werden. In der Praxis, etwa für Orchesteraufnahmen, werden die Mikrofone in einem Winkel (Öffnungswinkel) von etwa 135° bis 180° zueinander aufgestellt.

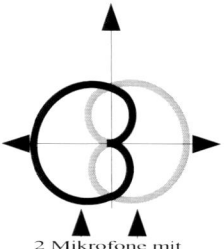

Positionierung von Mikrofonen bei der x/y-Stereophonie

165

Durch die Richtcharakteristik der Mikrofone können sich Pegelunterschiede von 20-25 dB in den Stereokanälen ergeben, die eine vollständig einseitige Wahrnehmung im Stereopanorama bewirken. Eine Verringerung des Öffnungswinkels bewirkt eine Vergrößerung des Aufnahmebereichs, da die Richtungen mit maximaler Pegeldifferenz zwischen den Mikrofonen nach hinten verschoben werden. Bei gleicher Anordnung bewirken Mikrofone mit stärkerer Richtcharakteristik einen kleineren Aufnahmebereich.

Das x/y-Verfahren ist weitgehend monokompatibel, Phasenunterschiede zwischen dem linken und dem rechten Kanal können kaum auftreten. Bei seitlichem Schalleinfall auf die Mikrofone (also auch aus der Mitte des Klangkörpers) kann es allerdings durch die Richtcharakteristik zu einer bemerkbaren Höhenabsenkung kommen, unter der die Brillianz der Aufnahme leiden kann. Auch lässt sich der räumliche Eindruck bei einer x/y-Aufnahme nachträglich nicht mehr beeinflussen.

Beim **M-S-Mikrofonverfahren** (M-S = Mitte-Seiten) werden zwei unterschiedliche Mikrofon-Charakteristiken miteinander kombiniert: Ein Mikrofon mit beliebiger Charakteristik (meist Niere oder Superniere) wird direkt auf den Klangkörper ausgerichtet. Das zweite Mikrofon muss eine 'Achtercharakteristik' (Druckgradienten-Mikrofon) aufweisen und wird um 90° nach links gedreht, möglichst nahe zum M-Mikrofon installiert und liefert das S- (Seiten-) Signal. Von links kommende Töne bewirken nun eine positive Auslenkung der Membran des Achter-Mikrofons, von rechts kommende Töne bewirken eine negative Auslenkung, links und rechts haben also eine entgegengesetzte Phasenlage. Somit werden die Signale für die Stereoaufzeichnung nicht direkt hergestellt, sondern müssen erst durch Summen- und Differenzbildung erstellt werden: Linker Kanal = M + S, rechter Kanal = M – S. Anhand der Überlagerungen der Richtcharakteristika zwischen dem M- und dem S- Mikrofon kann der Aufnahmebereich ermittelt werden:

Klangkörper

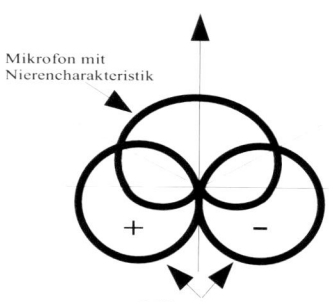

Positionierung von Mikrofonen bei der M-S-Stereophonie

Dort wo sich die Richtcharakteristika berühren, ergibt sich durch die Summen- und Differenzbildung ein nur noch einseitiges (linkes oder rechtes) Signal, womit auch der maximale Aufnahmewinkel bestimmt wird. Diese Punkte können durch Pegelveränderungen an einem der beiden Mikrofone verschoben werden.

Während der Aufnahme lässt sich das Signal nur mit einem speziell dafür ausgestatteten Audiomixer abhören, oder indem das S-Mikrofon an einem Mixereingang phasenrichtig auf die linke Seite geregelt wird und auf einem anderen Mixereingang gleichzeitig phasengedreht auf rechts gelegt wird, sowie das M-Mikrofon auf einem dritten Mixereingang auf Mitte gelegt wird.

Der Vorteil des M-S-Verfahrens ist die absolute Monokompatibilität, das heißt, wenn die beiden Stereokanäle zu einem Monosignal summiert werden, ergibt sich folgendes: $(M + S) + (M - S) = 2 M$, das Seiten-Mikrofon wird also neutralisiert.

Der Vorteil gegenüber dem x/y-Verfahren ist, dass das Stereopanorama noch nachträglich verändert werden kann durch unterschiedliche Gewichtung von M- und S- Mikrofon bei der Mischung. Auch mit Höhenabsenkungen ist beim M-S-Verfahren nicht zu rechnen, da das M-Mikrofon auf die Mitte des Klangkörpers ausgerichtet ist und die Achtercharakteristik des S-Mikrofons im allgemeinen einen weitgehend linearen Frequenzgang hat.

Laufzeit-Stereophonie

Wenn eine akustischen Information mit einem zeitlichen Unterschied von etwa 2 Millisekunden auf die menschlichen Ohren trifft, wird das als Richtungsinformation wahrgenommen. Diesen Umstand macht sich die Laufzeit-Stereophonie zunutze. In der so genannten **A–B – Stereophonie** werden zwei Mikrofone mit beliebiger Richtcharakteristik in einem Abstand von etwa 20 bis 150 cm aufgestellt. Je stärker dabei die Richtcharakteristik der Mikrofone ist, desto größer werden gleichzeitig auch die Pegelunterschiede zwischen den Mikrofonen, so dass man mit vergleichsweise geringeren Mikrofonabständen (im Vergleich zur Kugelcharakteristik) arbeiten kann. Ebenfalls gängig ist ein Verfahren, bei dem eine Scheibe zwischen den Mikrofonen angebracht, die nach ihrem Erfinder Jecklin-Scheibe heißt.

Bei größeren Klangkörpern kann es notwendig sein, zusätzlich Stützmikrofone mit Nieren- oder Supernieren-Charakteristik für einzelne Instrumente zu verwenden, dabei sollte die Übersprechung von anderen Instrumenten möglichst gering sein. Diese Stützmikrofone werden dann am Mischpult in das Stereopanorama eingeordnet. Je mehr Stützmikrofone eingesetzt werden und je mehr Anteil sie an der Mischung haben, desto größer ist allerdings die Gefahr dass das Klangbild seine räumliche Tiefe verliert.

Prinzipiell vermittelt die Laufzeit-Stereophonie einen besseren räumlichen Eindruck als die Intensitäts-Stereophonie. Andererseits resultiert aus der Entfernung der Mikrofone voneinander ein Phasenversatz, der das Verfahren nur bedingt monokompatibel macht.

Audio-Bearbeitung

Audio-Bearbeitungsgeräte gibt es als analoge oder digitale Stand-alone-Geräte und als Softwaretools. Da die Bearbeitungsmöglichkeiten im Prinzip gleich sind, werden die Geräte und Tools hier nicht getrennt beschrieben. Ein Vorteil der digitalen Geräte ist allerdings, dass Einstellungen gespeichert werden können.

Mischpult

Mischpulte gibt es im wesentlichen für zwei Anwendungen: Für die Livemischung, z.B. bei Konzerten, kommt es darauf an, dass das Mischpult möglichst viele Ausgänge hat, etwa für die Monitore der Musiker, eine Sende- oder Record-Mischung und natürlich den Live-Mix. Die andere Möglichkeit sind Mischpulte für (Schnitt) Studioanwendungen, die eher als Schnittstelle für verschiedene Zuspieler dienen und im wesentlichen nur ein Summensignal benötigen.

Gute Mischpulte bieten im allgemeinen die folgende Ausstattung:
Kanäle, die mit getrennten symmetrischen Eingängen für Line- und Mikrofonpegel ausgelegt sind. Die Mikrofoneingänge bieten eine 48 Volt Phantomspeisung an, eventuell zusätzlich eine Tonader-Speisung. Je nach Auslegung kann das Mischpult auch weitere Kanäle aufweisen, die nur für Linepegel ausgelegt sind. Ein Schalter für Phasendrehung kann bei problematischen Signalen oder für die M-S-Mikrofonie nützlich sein. Jedem Eingang ist ein Gain-Regler (Vorverstärker) zugeordnet, der das Eingangssignal auf den Arbeitspegel anhebt. Er hat einen Einstellbereich von +4 bis -60 dB. (Ein am Masterausgang voll ausgesteuertes Signal eines einzelnen Kanals sollte am Kanalfader nicht mit weniger als -10 dB ausgesteuert sein, sonst ist wahrscheinlich der Gain zu hoch, damit wird der Headroom des Mischpults überschritten und das Signal ist trotz korrektem Masterpegel verzerrt.)
Nachfolgend sind Equalizer geschaltet, entweder parametrische Entzerrer für Bässe, untere Mitten, obere Mitten und Höhen, oder in einfacherer Ausstattung nur ein parametrischer Entzerrer für die Mitten und je ein Bass- und Höhenregler. Die letzteren sind dann Breitband-Entzerrer, die ober- bzw. unterhalb ihrer Grenzfrequenz das Signal breitbandig bearbeiten. Gelegentlich ist zur Unterdrückung von Netzbrummen noch ein "50 Hz"-Schalter vorhanden.
"Inserts" bieten die Möglichkeit, das Signal zunächst durch ein Bearbeitungsgerät zu senden. Die Inserts sind Aus- und Eingänge gleichzeitig. So kann das Summensignal vor den Masterfadern abgegriffen, bearbeitet und in den Masterausgang zurückgesandt werden. Inserts gibt es auch für die einzelnen Kanäle.

Das Signal einzelner Kanäle oder der Summe kann auf verschiedene Aux-Ausgänge, Sub-Gruppen und Monitore verteilt (geroutet) werden. Hierbei gibt es auch noch die Möglichkeit, dass das Signal Pre- oder Post-Fader geroutet werden kann, also mit oder ohne Einfluss der Kanalfader. Mit den Pre-Fade Signalen kann zum Beispiel in einem späteren Arbeitsgang noch eine andere Abmischung hergestellt werden.
Eine "Solo"-Schaltung für jeden Kanal bietet die Möglichkeit, das jeweilige Signal einzeln in den Monitoren, z.B. per Kopfhörer, abzuhören.
Ähnlich arbeitet die "PFL"- (Pre-Fade-Listen) Schaltung jedes Kanals: Das Signal wird unbeeinflusst von den Kanalfadern den Monitoren, und wichtiger noch, der Level-Anzeige zugewiesen. Damit lässt sich einfach überprüfen, ob der Gain-Regler auf den richtigen Bereich eingestellt ist.
Ein "Mute"-Knopf schaltet den Kanal ungeachtet der Fader-Einstellung stumm, so dass eine eingestellte Mischung auch bei nicht genutzten Signalen erhalten bleiben kann. (Grundsätzlich sollten alle nicht genutzten Kanäle "gemutet" werden, da damit auch der Rauschpegel am Masterausgang gesenkt werden kann.)
Die Fader haben im allgemeinen einen Regelbereich +10 bis - ∞ dB (effektiv ist bei etwa – 90 dB nichts mehr zu hören). Die Fader sollten als Schieberegler ausgeführt sein, dann sind sie genauer zu bedienen und die Einstellung ist intuitiver zu erfassen, als bei Potentiometern.
Der "Pan"-(Panorama) Regler weist ('routet') das Signal der einzelnen Kanäle dem Stereospektrum zu, also links, rechts oder mittig den Masterausgängen zu. Hierbei ist zu beachten, dass das Ausgangssignal am Masterausgang etwa 3 dB höher ist, wenn das Signal voll nach links oder rechts gerouted wird, als das bei einer mittigen Einstellung der Fall ist.
Ausgangsseitig bieten manche Mischpulte noch die Möglichkeit, das Ausgangssignal von Line- auf Mikrofonpegel umzuschalten, um eine bessere Anpassung an einige Aufzeichnungsgeräte zu bieten. Weiterhin haben einige Mischpulte in der Mastersektion noch einen graphischen Equalizer, der auf das Summensignal wirkt. Das ist von Vorteil, wenn das Mischpult direkt an einen Verstärker angeschlossen werden soll. Manche Mischpulte sind zudem mit Klangprozessoren ausgestattet, etwa für Hall und Echo.

Ein Sonderfall sind "Power-Mixer", bei denen gleich die Verstärker-Endstufe eingebaut ist. Somit bieten sie auch Ausgänge für Boxen. Bei den Power-Mixern ist ein Equalizer in der Mastersektion auf jeden Fall sinnvoll, da das Signal damit relativ einfach (wenn auch nicht immer befriedigend) auf die Raumakustik eingestellt werden kann.

Ein weiterer Sonderfall sind portable Mischpulte, die für Dreharbeiten bei Film und Fernsehen unverzichtbar sind. Sie werden gelegentlich kurz als "SQN" bezeichnet, dies ist jedoch nur ein Markenname, genauso gut (und teuer) können auch die portablen Mixer anderer Firmen sein, z.B. von Shure, Wendt oder "sound-Devices". Im allgemeinen sind sie symmetrisch als "3 in 1" Mono-Mixer oder "4 in 2" Stereo-Mixer ausgeführt. Die Eingänge sind für verschiedene Mikrofonspeisungen schaltbar und natürlich für Line- und Mikrofonpegel umschaltbar. Die Eingänge sollten für besonders empfindliche Mikrofone um 10 dB dämpfbar sein. Meistens ist noch eine Bassabsenkung schaltbar, sowie die Zuschaltung eines Limiters möglich. Der Mixer muss ein 1 kHz-Sinussignal als Pegelton generieren können, damit die Kamera ein Referenzsignal erhält. Ausgangsseitig muss der portable Mixer eine Umschaltung von Line- auf Mikrofonpegel ermöglichen. Der Betrieb kann wahlweise mit Batterien, Akkus und Netzteil erfolgen. Die Skalen sollten beleuchtbar sein. Mit dem Slate-Mikrofon können Ansagen für einzelne Takes direkt am Mixer eingesprochen werden. Wichtig ist ein besonderer Line-Eingang (Monitor), über den das Kopfhörer-Signal der Kamera eingespeist und abgehört werden kann. Nützlich kann eine Monitor-Schaltung für das Abhören von M-S-Stereoaufnahmen sein.

In der Praxis müssen die portablen Mixer zunächst auf die Mikrofone abgestimmt werden, das heißt, der symmetrische XLR-Eingang wird auf die passende Mikrofonspeisung eingestellt. Dynamische Mikrofone benötigen keine Speisung (manche Typen können durch Tonaderspeisung sogar zerstört werden), die meisten Kondensatormikrofone arbeiten mit 48 Volt Phantomspeisung, ältere Kondensatormikrofone benötigen gelegentlich 12 Volt Tonaderspeisung, Elektretkondensator-Mikrofone mit eigener Batteriespeisung können mit oder ohne Phantomspeisung arbeiten. Wenn das Signal von einem Mischpult oder anderen hochpegeligen Geräten eingespielt wird, muss der Eingang auf Line geschaltet werden.

Ebenso muss der Audioeingang der Kamera auf den Mixer abgestimmt werden: Dazu sollte der Line-Ausgangspegel des Mixers verwendet werden (- der wesentlich schwächere Mikrofonausgangspegel ist störanfälliger). An der Kamera muss der Audioeingang somit auf Line gestellt werden, eine Einstellung auf Mikrofonpegel ruiniert den Ton in jedem Fall. Nun müssen noch die Pegelanzeigen von Mixer und Kamera aufeinander abgestimmt werden, hier am Beispiel des SQN-Mixers. Zunächst wird der Pegelton (Tone) des Mixers eingeschaltet und sollte dabei einen Pegel von 0dB beim Mixer anzeigen. An der Kamera wird die automatische Aussteuerung ausgeschaltet und der ankommende Pegelton eingestellt. Genaue Vorschriften gibt es dafür nicht, jedoch Konventionen, bzw. Empfehlungen: Bei analogen Aufnahmegeräten mit Zeigerinstrumenten (VU-Meter), beispielsweise Betacam-SP, sind -2 bis -5dB empfehlenswert, je nach persönlicher Erfahrung und Sicherheitsbedürfnis. Digitale Aufzeichnungsgeräte benötigen einen größeren Abstand zum 0dB-Spitzenpegel, bei dem die Übersteuerung schlagartig und hörbar einsetzt, empfohlen sind -12dB.

Für die Tonüberwachung empfiehlt es sich, um Übertragungsfehler auszuschließen, das Signal des Kopfhörer-Ausgangs der Kamera zu nutzen. Dieses kann in einem speziellen Multipol-Kabel zum Mixer geführt werden und dort mit der Monitoreinstellung "RET" (für Return) oder "External AUX" (die Bezeichnung ist je nach Hersteller unterschiedlich) abgehört werden.

Die Verwendung des Limiters am Mixer ist durchaus sinnvoll, üblicherweise ist er so eingestellt, dass er erst bei sehr hohen Pegeln wirkt, also bei einer normalen Aussteuerung keinen hörbaren Einfluss hat.

Die Bassabsenkung kann je nach Drehsituation sinnvoll sein, es sollten jedoch nicht gleichzeitig die Bassabsenkung an Mikrofon und Mixer eingeschaltet sein.

Equalizer

Equalizer werden auch Entzerrer genannt, sie beeinflussen den Frequenzgang des Audiosignals, erzeugen also lineare Verzerrungen. Einzelne Frequenzbereiche können verstärkt oder abgesenkt werden. Es gibt sie in zwei Ausführungen: Graphic-Equalizer und parametrische Equalizer. Graphic-Equalizer haben ihren Namen dadurch erhalten, dass die Stellung ihrer Schieberegler, die für das Abschwächen oder Verstärken einzelner Frequenzen zuständig sind, quasi eine graphische Abbildung der Bearbeitung durch den Equalizer darstellen. Die einzelnen Frequenzbereiche haben hierbei feste Mittelwerte, die Verstärkung oder Abschwächung wirkt sich nur bis zu den nächsten benachbarten Reglern (Frequenzbereichen) aus, sie haben eine geringe Frequenzbreite, bzw. eine hohe Flankensteilheit. Die Breite der einzelnen Frequenzbereiche, als "Bandwith", "Güte" oder "Q" bezeichnet, hängt bei graphischen Equalizern also unter anderem von der Anzahl der angebotenen Frequenzbänder ab. Üblich sind Oktav- (10 Frequenzbänder), ⅔ Oktav- (16 Frequenzbänder) und Terzband-Entzerrer (31 Frequenzbänder). Je mehr Frequenzbänder vorhanden sind, desto besser können schmalbandige Störgeräusche unterdrückt werden, ohne dass der gewünschte Klang Veränderungen erfährt. Auch für Frequenzband-Korrekturen von Lautsprechersystemen und die Einstellung einer Anlage auf die Raumakustik ist ein Terzband-Entzerrer gut geeignet.

Flexibler ist ein parametrischer Equalizer. Er bietet meistens in 3 bis 5 frei wählbaren Frequenzbändern die Möglichkeit mit einer veränderbaren Bandbreite Verstärkungen oder Absenkungen zu erzeugen. Die hierbei verwendeten Filter werden Bell- oder Glockenfilter genannt. Zunächst wird die jeweilige Mittenfrequenz ("Center-Frequency") eingestellt, dann deren Bandbreite (Bandwith, Güte, oder "Q") und schließlich mit dem Level-Regler die Dämpfung oder Verstärkung (Gain) dieses Bereiches. So können sehr breitbandige oder schmalbandige Veränderungen realisiert werden. Der Nachteil ist, dass die Einstellungen nicht so intuitiv wie beim Graphic-Equalizer zu erfassen sind.

Daneben gibt es in einigen Geräten, z.B. HiFi-Verstärkern, noch so genannte Bass- oder Höhenregler. Diese haben keine Mittenfrequenz im eigentlichen Sinn, sondern eine Eckfrequenz, unterhalb deren (Bass-Regler) oder oberhalb deren (Höhen-Regler) sie das Signal breitbandig entzerren. Sie werden auch "Shelving-Filter" oder "Kuhschwanz-Entzerrer" genannt. An Mischpulten und Mikrofonen finden sich häufig "Low-Cut"-Filter, die eine starke Absenkung im unteren Bassbereich bewirken, um (bei Mikrofonen) Wind- oder Griffgeräusche zu unterdrücken oder (bei Mischpulten) 50 Hz-Störungen vom Netzstrom auszufiltern.

Kompressor / Limiter

Im Kompressor werden Audiosignale verdichtet. Das kann dazu dienen, sehr dynamische Pegel, also mit kurzen hohen Spitzen und einer geringeren Gesamt-Lautstärke, vernünftig auszusteuern, oder das Lautheitsempfinden einer Sequenz zu steigern, wie es bei Werbung häufig gemacht wird. Hierzu wird ein Schwellenwert (Threshold) bestimmt; oberhalb dessen die Veränderung stattfinden soll. Die Pegel, die oberhalb dieses Schwellenwertes liegen, können nun um einen bestimmten Faktor (Ratio) gestaucht, also komprimiert werden. Damit liegt der Maximal-Pegel des Signals nun allerdings mehr oder weniger deutlich unter dem Arbeitspegel (0 dB) und muss dann wieder bis zum Arbeitspegel angehoben werden, dafür gibt es einen eingebauten Aufholverstärker (Output-Regler).

Im folgenden Beispiel ist eine Kompression mit der Ratio 3 bei einem Schwellenwert von -10 dB zu sehen. Jedes dB, das den Schwellenwert überschreitet, wird auf 1/3 seines Wertes gedämpft, also 3 dB werden zu 1 dB, 6 dB werden zu 2 dB, usw. Danach wird der Output-Regler um 6 dB hochgeregelt.

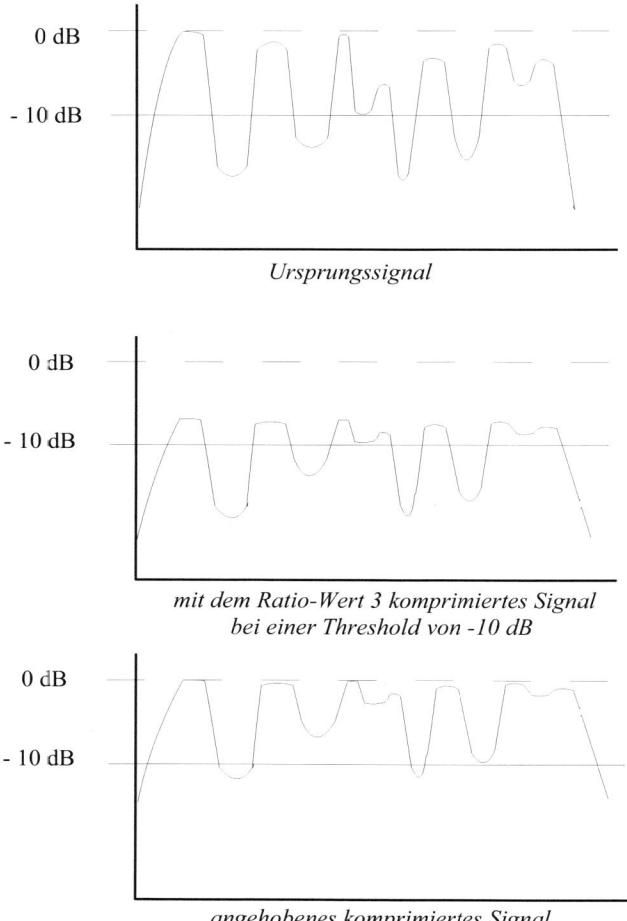

Ursprungssignal

*mit dem Ratio-Wert 3 komprimiertes Signal
bei einer Threshold von -10 dB*

angehobenes komprimiertes Signal

Damit die Kompressionsvorgänge nicht zu deutlich zu hören sind, sollte es die Möglichkeit geben, Anfang und Ende des Kompressionsvorgangs weich zu gestalten, d.h., die Ansprechzeit (Attack) und die Ausschwingzeit (Release) nach Bedarf einstellen zu können. Auch eine "Soft-Signalspitze"-Schaltung, die den Arbeitspunkt über einen größeren Bereich ausdehnt, kann für weniger hörbare Übergänge sorgen. Sinnvoll ist auch, wenn der Kompressor im Multiband-Verfahren arbeitet, d.h., das Signal wird in mehrere Frequenzbänder aufgeteilt, die dann alle unabhängig voneinander bearbeitet werden: Eine Signalspitze ist oft nur in einem Frequenzbereich vorhanden, es muss also nicht das ganze Signal komprimiert werden.

Ein **Limiter** ist ein Kompressor mit einer extremen Ratio-Einstellung. Signale oberhalb des eingestellten Arbeitspunktes werden so stark herunter geregelt, dass eine Spitze nicht mehr auftritt. Analoge Limiter lassen allerdings sehr kurze Spitzen, insbesondere in der Einschwingzeit, noch durch, bei einer Aufzeichnung auf ein digitales Medium, z.B. Digi-Beta, kann das problematisch sein.
Bei der Aussteuerung eines Audiosignals mit zwischengeschaltetem Kompressor / Limiter ist Vorsicht geboten: Wenn das Signal an einem Mischpult ausgesteuert wird, dem ein Kompressor folgt, um schließlich irgendwo aufgezeichnet zu werden, kann man bei entsprechender Einstellung des Kompressors das Mischpult so hoch aussteuern wie man will, das Aufzeichnungsgerät übersteuert nicht! Allerdings ist dann irgendwann das Signal soweit komprimiert, das es keine Dynamik mehr aufweist und klingt vielleicht auch verzerrt, weil man nicht bemerkt hat, das das Mischpult schon lange ein übersteuertes Signal abgibt.
Ein spezieller Kompressor ist der De-Esser, er soll die Zischlaute (s, sch, f) der menschlichen Stimme absenken. Der De-Esser ist einstellbar auf den betreffenden Frequenzbereich, filtert diesen heraus und bearbeitet ihn mit einem einstellbaren Kompressor oder Limiter. Die Attack- und Releasezeiten sind dabei sehr kurz.

Expander / Gate
Der Expander ist das Gegenstück zum Kompressor: Unterhalb eines einstellbaren Schwellenwertes wird hier das Signal gedämpft. Damit erhält das Signal mehr Dynamik, oder es können leise Nebengeräusche unterdrückt werden, oder man kann damit schlicht das Rauschen reduzieren. Allerdings ist ein Expander als Werkzeug zur Nebengeräusch- oder Rauschunterdrückung mit Vorsicht einzusetzen, denn diese unerwünschten Signalanteile werden sofort wieder lauter, sobald sie vom eigentlichen Nutzton überlagert werden.
Ein Gate ist ein extrem eingestellter Expander: Fällt das Signal unterhalb des eingestellten Schwellenwertes, dann wird der Kanal stumm geschaltet. Das ist zum Beispiel sinnvoll bei Live-Konzerten, wo an jedem Instrument ein Mikrofon angebracht ist. Damit die Musik nicht zu einem Brei wird,

175

sollte ein Mikrofon nur dann den Ton übertragen, wenn das jeweilige Instrument benutzt wird, also einen gewissen eigenen Pegel abgibt. Durch die Stummschaltung von nicht benutzten Mikrofonen wird auch die Gefahr von Rückkopplungen vermindert.

Auch beim Expander / Gate gilt: Die Übergänge (Attack und Release) sollten weich einstellbar sein. Es klingt recht unangenehm, wenn ein abklingender Klavierton plötzlich abbricht.

Rauschunterdrückung

Es gibt mehrere unterschiedlich arbeitende Rauschunterdrückungssysteme und Geräte. Sie lassen sich grob in "Single-ended-" und Kompander-Verfahren unterscheiden.

"Single-ended" sind Stand-alone-Geräte, die in den Signalweg eingeschliffen werden, sie werden auch Denoiser genannt. Denoiser teilen das Signal in mehrere Frequenzbänder auf und untersuchen diese jeweils darauf, ob ein eingestellter Schwellenwert erreicht wird. Wenn dieser Wert in einem Frequenzband nicht erreicht wird, wird das Frequenzband stumm geschaltet. Das Stummschalten beginnt zunächst im obersten Frequenz-band und setzt sich gegebenenfalls bis in die untersten Bänder fort. Dieses Verfahren macht sich den Verdeckungseffekt zunutze, es fällt nicht auf, dass in einigen Frequenzbändern nun gar nichts mehr zu hören ist. Das Rauschen hingegen hätte ja einen Pegel und wäre daher in einigen Passagen hörbar.

Kompander ist ein Kunstwort aus Kompressor und Expander. Das Verfahren wird in analogen Aufzeichnungsgeräten eingesetzt. Bei diesen Geräten ist das Bandrauschen der größte Rauschfaktor. Zugleich ist das Bandrauschen ein stetiger Faktor, der einen weitgehend gleichen Pegel hat. Wenn nun zunächst eingangsseitig das Nutzsignal mittels Kompression angehoben wird, dann liegt der Nutzsignalpegel höher über dem Rauschpegel. Da die Kompression natürlich den Klang verändert, muss das Signal beim Abspielen ausgangsseitig wieder expandiert werden. Damit wird gleichzeitig auch der Rauschpegel abgesenkt.

Emphasis ist eine weitere Technik zur Rauschunterdrückung. Vom wahrnehmbaren Rauschen sind hauptsächlich höhere Frequenzen mit niedrigen Pegeln betroffen. Eine Möglichkeit ist daher, diese Pegel gezielt anzuheben. Beim Pre-Emphasis-Verfahren wird daher das Audiosignal in einer Parallelschaltung zum Signalweg auf den Pegel hoher Frequenzen untersucht. Hohe Pegel werden dann in dieser Parallelschaltung ausgefiltert, die verbleibenden niedrigen Pegel werden verstärkt und dann dem Ursprungssignal hinzu gefügt. Damit liegen die hohen Frequenzen bei Bandaufzeichnungen deutlich über dem Rauschpegel. Das Signal muss bei der Wiedergabe dann eine De-Emphasis-Schaltung durchlaufen, die die Höhenanhebung wieder ausfiltert und auf den ursprünglichen Pegel bringt.

Emphasis-Schaltungen gibt es unter anderem in DAT-Recordern und in Digi-Beta-Recordern. Für ein Digi-Beta-Sendeband darf die Emphasis-Schaltung aber laut Pflichtenheft ARD/ZDF nicht verwendet werden.

Unter Verwendung der Emphasis-Technik hat die Firma Dolby mehrere Verfahren zur Rauschunterdrückung entwickelt:

Dolby B ist eine Technik, die in Consumer-Geräten verwendet wird. Die Emphasis-Schaltung hat ihren Arbeitspunkt pegelabhängig oberhalb von 400 Hz, die größte Wirkung wird oberhalb von 8 kHz erzielt. Das System bringt eine Minderung des Rauschpegels von bis zu 10 dB.

Dolby C ist eine Verbesserung der Dolby B -Technik. Der Arbeitspunkt kann hier bereits bei 100 Hz einsetzen. Dolby C arbeitet außerdem mit höheren Kompressions- und Expansionswerten und beinhaltet zudem eine "Anti-Saturation"-Schaltung, die verhindert, dass hohe Frequenzen bei einer Bandaufnahme von lauten Gesamtpegeln verschluckt werden. Die größte Wirkung erzielt das System im Bereich von 1 kHz bis 10 kHz. Oberhalb von 10 kHz ist eine weniger starke Bearbeitung beabsichtigt (Spectral Skewing), dort sind die Rauschpegel nicht mehr so auffällig, andererseits machen sich dejustierte Tonköpfe aber stark bemerkbar, da die Dolby-Schaltung den dadurch verursachten Höhenverlust übermäßig stark kompensieren würde.
Dolby C wird auch beim Betacam-Format verwendet, bei Benutzung von Oxyd-Bändern ist Dolby C abschaltbar, bei Metallpartikel-Bändern wird Dolby C automatisch zugeschaltet.

Dolby A wurde für den professionellen Bereich entwickelt. Diese Schaltung teilt das Signal in vier Frequenzbänder auf (bis 80 Hz, 80 Hz – 3 kHz, oberhalb von 3 kHz, oberhalb von 9 kHz), die unabhängig voneinander bearbeitet werden. Die größte Wirkung liegt bei Pegeln unterhalb von -40 dB. Die in Parallelschaltungen angehobenen Frequenzen werden wieder dem Ursprungssignal zugefügt. Um eine korrekte Dolby-Decodierung bei der Wiedergabe zu erreichen, wird bei der Aufnahme am Bandanfang ein Dolby-Testton aufgezeichnet, der als Referenz für den Wiedergabe-Decoder dient. Je nach Frequenz kann eine Rauschminderung von 10 dB (bei 5 kHz) bis 15 dB (im oberen Frequenzspektrum) erreicht werden.

Dolby SR (SR = Spectral Recording) ist eine Weiterentwicklung der Dolby A -Technik. Zunächst wird das Signal im Höhen- und Bassbereich komprimiert, dabei werden besonders hohe Pegel abgesenkt, die eine Übersteuerung im Zusammenhang mit den später hinzugefügten angehobenen Frequenzen bewirken könnten. Das Signal wird dann in 10 zum Teil feste und zum Teil variable Frequenzbänder aufgeteilt, die separat bearbeitet werden. Dabei werden alle Frequenzbereiche angehoben, die unterhalb des Arbeitspegels liegen und wieder dem (komprimierten) Ursprungssignal hinzugefügt. Dolby SR enthält ebenfalls eine 'Anti-Saturation'- und eine 'Spectral Skewing'-Schaltung (siehe Dolby C). Um eine korrekte Decodierung der Dolby SR-Aufnahme bei der Wiedergabe durchführen zu können, ist wie bei Dolby A das Aufspielen eines Referenz-Signals notwendig. Dolby SR erreicht eine Rauschminderung von bis zu 25 dB und ist in seiner Arbeitsweise unhörbar.

Für Consumer-Tapedecks existiert eine vereinfachte Version mit dem Namen **Dolby S**.

Das **'dbx'**-Verfahren komprimiert zunächst das gesamte Signal im Verhältnis 2:1. Pegel unter +4 dB werden dabei erhöht, Pegel oberhalb von +4 dB mit gleichen Ratio abgesenkt. Anschließend wird den hohen Frequenzen eine Pre-Emphasis hinzugefügt. Mit diesem Verfahren lassen sich auch Ton-Materialien mit einer hohen Dynamik zufriedenstellend auf eine analoge Bandmaschine aufzeichnen. Nachteilig ist die Arbeitsweise des Kompanderverfahrens über das ganze Frequenzspektrum insofern, dass manche Regelvorgänge hörbar werden: Für Attack- und Release-Vorgänge wäre es günstiger, wenn die eingestellten Zeiten in höheren Frequenzbereichen kürzer wären, als in tiefen Frequenzbereichen. Das dbx-Verfahren erreicht eine Rauschminderung von bis zu 30 dB.

'telcom c4' wurde von AEG entwickelt und wird in einigen Rundfunkstationen verwendet. Es arbeitet mit einer konstanten Kompression von 1,5:1 und mit einer Emphasis in vier Frequenzbändern. Es erreicht eine Rauschminderung von bis zu 30 dB.

Dolby E ist ein digitaler Übertragungsstandart im Produktionsbereich, der in einer symmetrischen XLR-Verbindung bis zu acht Tonkanäle bei einer Abtastrate von je 48 kHz bei 24 Bit Wortbreite übertragen kann (= 3 Mbit/s). Die Kompression ist damit hinreichend gering, so dass mehrfache Nachbearbeitungsvorgänge möglich sind.

Klangprozessoren

Bei diesen Geräten wird das Tonsignal durch zusätzlich eingefügte Signalanteile verändert.

Der **Exciter** fügt dem Signal künstlich erzeugte Oberwellen und minimale frequenzabhängige Phasenverschiebungen hinzu. Damit kann die Präsenz und Verständlichkeit des Signals erhöht werden. Zunächst wird mit dem Regler "Tune" der Schwellenwert eingestellt, oberhalb dessen die Bearbeitung stattfinden soll. Mit dem Regler "Mix" wird dann der Anteil bestimmt, der dem Ursprungssignal hinzugefügt werden soll. Da bei diesem Verfahren auch das Rauschen verstärkt wird, ist gleich ein Rauschunterdrückungssystem eingebaut. Das weist auch auf das Problem hin: Die Exciter sind auf ein sehr sauberes Ursprungssignal angewiesen, denn jeder unerwünschte Ton im Frequenzbereich oberhalb des Schwellenwertes wird gleichzeitig mit verstärkt. Ein zu stark bearbeitetes Signal klingt schnell höhenlastig und schrill.

Der digitale **Delay**-Prozessor stellt Echos her, indem er Signale in einem RAM-Speicher zwischenspeichert und mit Verzögerung dem Originalsignal wieder zumischt. Die Verzögerungszeit hängt dabei von der Größe des RAM-Speichers ab. Durch Rückkopplung des Ausgangssignals können Mehrfachechos hergestellt werden.
Bei analogen Geräten lässt sich dieser Effekt nur durch ein Tonband mit Endlosschleife herstellen, die mit versetzten Aufnahme- und Wiedergabeköpfen arbeiten.

Reverb gibt Tönen einen Nachhall, mischt ihnen also eine räumliche Charakteristik zu. Das ist aufwendiger als das Delay, da die räumliche Wahrnehmung von Tönen eine komplexe Mischung aus Direktschall, ersten Reflektionen und Nachhall ist. Das heißt, es müssen viele kurze Verzögerungen und Überlagerungen für diesen Effekt produziert werden. Folgerichtig gibt es in Reverb-Geräten meistens eine Anzahl vorgefertigter Effekte für die Simulation verschiedener Räume (Room, Hall, Cathedral, etc.).
Die Atmosphäre eines Orchesters oder Chorgesanges entsteht auch durch kleine Ungenauigkeiten. Beim Einsatz von Stimmen oder Instrumenten gibt es immer geringe Zeit- und Höhenunterschiede, die erst die Vielzahl der Musiker verdeutlichen. (Wenn man ein Instrument oder eine Stimme mehrfach zusammenkopiert, wird es schlicht lauter, klingt aber nicht wie eine Gruppe.) Der **Chorus**-Effekt simuliert diese Ungenauigkeiten elektronisch mit kurzen Delays und wechselnden Tonhöhen-verschiebungen.

Audio Restauration

Für die Aufarbeitung älterer Tonaufnahmen, vorwiegend von Schallplatten, gibt es mehrere Verfahren. Es geht zumeist darum, typische Störungen zu beseitigen, wie Rauschen, Knistern und Knacken. Das Rauschen ließe sich mit einem Denoiser entfernen, sehr kurze Knackser können herausgeschnitten werden. Eleganter ist die Bearbeitung jedoch auf Software-Basis. Dazu gibt es Programme, die das Audiosignal analysieren auf Störgeräusche und diese dann gezielt herausfiltern. Dieses Verfahren nennt sich 'De-Clicking'. Weitergehend gibt es aber noch ausgefeiltere Software, die sogar fehlende Tonpassagen ergänzen kann, indem das vorhergehende und nachfolgende Tonmaterial analysiert und auf dieser Basis neues Material konstruiert wird. Dieses Verfahren vollbringt auch keine Wunder, aber bei kürzeren Ausfällen kann es einen Versuch wert sein.

Stereo- und Surroundwiedergabe

Eine Stereowiedergabe soll einen räumlichen Eindruck in Bezug auf die Seitenverhältnisse ermöglichen, das heißt, ein Zuhörer kann damit bei einem Klangkörper (z.B. Orchester) oder einem Film die Töne akustisch links und rechts zuordnen. Bei einem Wiedergabesystem, das mit Lautheitsunterschieden zwischen zwei Lautsprechern arbeitet, funktioniert das aber nur optimal, wenn der Zuhörer sich in einer idealen Position zu den beiden Lautsprechern befindet, also ein gleichseitiges Dreieck von Lautsprechern und dem Zuhörer gebildet wird. Ein Lautheitsunterschied von 18dB zwischen den Lautsprechern weist eine Schallquelle eindeutig einem Ort ganz links oder ganz rechts zu, geringere Lautheitsunterschiede bilden eine "Phantomschallquelle" zwischen den Lautsprechern. Ebenfalls der Richtungswahrnehmung dienen Laufzeitunterschiede, das heißt, die Schallquelle wird der Richtung zugeordnet, aus der sie zuerst hörbar ist.

Im Kino ist eine einfache Stereowiedergabe aber unbefriedigend, denn die wenigsten Zuschauer haben eine ideale Sitzposition. Zudem bieten Phantomschallquellen zwischen zwei Stereolautsprechern auch nicht die gleiche Klangqualität, sowie Richtungs- und Entfernungsortung, wie ein Mehrkanalsystem mit entsprechend vielen Lautsprechern. Daher wurde für die Kinobeschallung der 'Surroundton' eingeführt, der zunächst aus 4 Kanälen bestand: Ein Mittenkanal (Center), der vorwiegend für die Wiedergabe von Dialogen verwendet wird, je ein Kanal für Links und Rechts zur stereophonen Wiedergabe von Geräuschen und Musik, sowie ein Surroundkanal mit mehreren Lautsprechern seitlich und hinter den Zuschauern zur Wiedergabe einer räumlichen Atmo (- gelegentlich auch für besondere Effekte wie etwa ein Flugzeug, das den Zuschauern über die Köpfe fliegt). Bei einigen Kinosystemen mit besonders breiten Leinwänden (Cinerama, SDDS) gibt es noch zusätzliche Kanäle für 'halblinks' und 'halbrechts'. Heute hat sich bei den Surroundkanälen Stereo durchgesetzt, seit neuerem gibt es dazu einen Surround-Center-Kanal. Standard ist heute außerdem ein Extra-Kanal für die Wiedergabe tiefer Bässe (Subwoofer).

Die wichtigsten Surround-Wiedergabeformate für den Kino- und Heimbereich sind zur Zeit:

Dolby Stereo bezeichnet einen 4-Kanal-Ton (Links, Mitte, Rechts, Surround), der auf Filmmaterial in die zwei Lichtton-Spuren Lt und Rt (= Left-total und Right-total) kodiert ist (Motion Picture Matrix). Dazu werden die Signale 'Links', bzw. 'Rechts' unverändert in die Spuren Lt, bzw. Rt übernommen, das Mittensignal wird um 3 dB abgesenkt und dann den Spuren Lt und Rt gleichermaßen zugemischt, das Surroundsignal wird ebenfalls zunächst um 3 dB abgesenkt, zusätzlich begrenzt auf maximal 7 kHz, geringfügig verzögert und dann den Spuren Lt und Rt in zueinander entgegengesetzten Phasenlagen zugemischt. Zur Rausch-unterdrückung wurde dabei zunächst Dolby A verwendet, heute ist Dolby SR Standard. Ein Dolby-Stereo-Matrix-Decoder im Filmprojektor trennt die Signale wieder auf. Bevorzugt wird dabei der Mittenkanal, der für die Verständlichkeit von Dialogen besonders wichtig ist, dafür ist die Kanaltrennung bei Dolby Stereo relativ schlecht, die L-, M- und R-Signale können leicht in das Surroundsignal übersprechen. Das Signal ist monokompatibel, aufgrund der Phasenverschiebung löscht sich der Surround-Ton bei der Wiedergabe in einem Monoprojektor vollständig aus.

Für den Heimbereich wurde **Dolby Surround** entwickelt. Es arbeitet mit einem 'Surround Pro Logic Decoder', der eine bessere Kanaltrennung als beim Dolby-Stereo-Verfahren aufweist und zudem das Surroundsignal um 20 ms verzögert (Richtungswahrnehmung hängt auch von Laufzeitunterschieden ab, also aus welcher Richtung ein Schallereignis zuerst eintrifft). Zur Rauschunterdrückung wird Dolby B verwendet.

'**Dolby SR.D**' ist ein Filmton-Verfahren und wird heute allgemein als '**Dolby Digital**' oder auch 'AC-3' bezeichnet. Aus Kompatibilitätsgründen muss der Dolby-Stereo-Lichtton dabei unverändert erhalten bleiben, das Digital-Signal erhält den Platz zwischen den Perforationslöchern. Damit können 554 kbit/s aufgezeichnet werden, von denen 320 kbit/s für die Kinoprojektion genutzt werden, andere Datenträger, z.B. DVDs können ebenfalls mit Dolby Digital arbeiten und erlauben höhere Datenraten. Es wird ein 5.1-Signal codiert: Links, Mitte, Rechts, 2 x Surround (Stereo) und ein Subwoofer-Signal (auf 120 Hz begrenzt). Da die Signale mit 48 kHz abgetastet werden, muss die Datenmenge reduziert werden, es wird ein Kompressionsverfahren mit dem Namen 'AC-3' (Audio-Codec 3) verwendet.

Die Datenrate ist bei Dolby Digital flexibel zwischen 32 und 640 kbit/s möglich, ein Stereosignal hat typischerweise 192 kbit/s, ein 5.1-Signal mit einer maximalen Audiofrequenz von 18 kHz hat 384 kbit/s, bei einer maximalen Frequenz von 20 kHz sind es 448 kbit/s.

Dolby Digital Surround EX ist eine kompatible Weiterentwicklung zu einem 6.1-System, das einen dritten Surround-Kanal beinhaltet (Mitte-hinten).

DTS (Digital Theater System) ist ein Kinosystem mit separatem Tonträger. Auf einer CD-Rom werden 6 Tonspuren komprimiert aufgezeichnet, auf dem Filmstreifen gibt es neben der Lichttonspur eine DTS-Steuerspur, die der Synchronisation der CD-Rom dient. Die Datenreduktion ist dabei geringer als bei Dolby Digital.

SDDS (Sony Dynamic Digital Sound) ist ein 7.1-System (links, halblinks, Mitte, halbrechts, rechts, Stereo-Surround, Subwoofer). Die Aufzeichnung erfolgt an beiden Rändern des Filmstreifen (zwischen Perforation und Aussenkante).

THX ist kein Tonaufzeichnungs- oder Rauschunterdrückungsverfahren, sondern dient der Optimierung der Wiedergabe in den Kinos. Es ist eine genaue Festlegung von Lautsprecheraufstellungen, Frequenzgängen, Nachhallzeiten und akustischer Dämmung. Ein Kino das die geforderten Bedingungen erfüllt, erhält das THX-Zertifikat, das ein Jahr gültig ist und dann wieder neu überprüft werden muss. THX wurde von George Lucas (Regisseur von 'Star-Wars' und 'Indiana-Jones') und seinem Toningenieur Tomlinson Holman entwickelt, THX bedeutet **T**omlinson **H**olman E**X**periments (- ein früher Film von George Lucas hieß übrigens 'THX 1138').

Home THX Audio System ist der Versuch, den Kinosound in das heimische Wohnzimmer zu bringen. Die Akustik des Kinosaals soll dabei mit Hilfe von Sound-Prozessoren simuliert werden. Dazu werden einem Dolby-ProLogic-Decoder die folgenden Prozessoren nachgeschaltet:
Eine aktive Subwoofer-Weiche, die einerseits für den Subwoofer Frequenzen oberhalb von 80 Hz ausfiltert, umgekehrt aber auch für die Frontlautsprecher (Mitte, Links, Rechts) die Frequenzen unterhalb von 80 Hz ausfiltert, damit diese ein klareres Klangbild liefern (und auch kleiner gebaut werden können).
Ein Re-Equalizer senkt die Höhenwiedergabe oberhalb von 1 kHz geringfügig ab, um allzu spitze Töne für die Wohnzimmerakustik zu vermeiden.
Eine Dekorrelationsschaltung sorgt dafür, dass die Surround-Boxen (bei

182

Mono-Surround) räumlich nicht mehr geortet werden können, indem das Signal für die beiden Surroundboxen in Frequenz und Phase leicht unterschiedlich verschoben wird. (Diffuse Umgebungsgeräusche scheinen meistens nicht einer Quelle zuzuordnen zu sein, zwei Surroundboxen in einem kleineren Raum sind dagegen sehr wohl als Schallquelle zu orten.)

Das 'Timbre-Matching' soll klangliche Unterschiede ausgleichen, die entstehen, wenn ein Geräusch von den Frontlautsprechern zu den hinteren Surroundlautsprechern 'wandert'. Diese Unterschiede in der Wahrnehmung hängen einerseits mit der Form des menschlichen Ohrs zusammen, andererseits aber auch damit, dass Surroundlautsprecher anders gebaut sind als Frontlautsprecher.

Zusätzlich dazu werden beim 'Home THX Audio System' Lautsprecher mit einem optimierten Abstrahlverhalten verwendet.

Signalkontrolle

Kopfhörer

Insbesondere für die Kontrolle der Tonqualität am Drehort ist ein Kopfhörer unverzichtbar. Bis auf wenige Ausnahmen sind Kopfhörer mit dynamischen Wandlern ausgestattet, der Aufbau ist ähnlich wie bei dynamische Mikrofonen. (Tatsächlich könnte man solche Kopfhörer auch als Mikrofone verwenden, aber es klingt nicht besonders gut.)

Um eine optimale Kontrolle (Monitoring) des Tons am Drehort zu haben, sollte der Kopfhörer einen linearen Frequenzgang haben, also keine Töne beschönigen (etwa mit einer Höhenanhebung). Der Frequenzbereich sollte mindestens 20 – 15.000 Hz betragen. Am Drehort sollte ein Kopfhörer mit geschlossener Charakteristik verwendet werden, das heißt, dass Geräusche von außen möglichst stark gedämpft werden. (Offene und halboffene Charakteristiken sind nur sinnvoll, wenn während der Tonüberwachung mit anderen Mitarbeitern kommuniziert werden muss.)

Wichtig ist auch der Kennschalldruckpegel, der besagt, welcher Schalldruckpegel in dB bei 1 mW Eingangsleistung erreicht wird (gemessen bei 1 kHz). Professionelle Kopfhörer liegen bei einem Wert über 100 dB. Das eröffnet zum einen die Möglichkeit, sehr laut zu hören, oder im Normalfall, den Kopfhörer-Verstärker nicht so weit aufdrehen zu müssen (- dann kann nämlich dessen Rauschen stören).

Ob der Kopfhörer "ohraufliegend" oder "ohrumschließend" ist, spielt technisch gesehen nicht so eine große Rolle, es ist mehr eine Frage des subjektiven Komforts.

Schwierig ist die Beurteilung eines Stereo-Signals mit Kopfhörern: Die Abmischung eines Stereo-Signals ist zumeist für eine Wiedergabe mit Lautsprechern optimiert. Daher können die Lautheitsunterschiede zwischen den Kanälen im Kopfhörer unnatürlich hoch wirken und die Laufzeitunterschiede nicht mehr korrekt wirken. Damit weist die Wiedergabe nicht mehr die beabsichtigte Räumlichkeit auf.

Lautsprecher

Die meisten Lautsprecher haben eine elektrodynamische Bauweise. Das Signal vom Verstärker regt eine Spule an, die an der Membran befestigt ist. Die daraus resultierenden Magnetfelder bringen die Membran gegenüber einem fest eingebauten Magneten zum Schwingen und erzeugen damit Schallwellen. Elektrodynamische Lautsprecher gibt es in verschiedenen Ausführungen:

Konuslautsprecher können eine relativ große Membran haben und sind daher für die Wiedergabe tiefer Frequenzen geeignet. Bei höheren Frequenzen schwingt nur noch der innere Bereich der Membran, die große Masse sorgt für Trägheit und damit eine unbefriedigende Höhenwiedergabe.

Kalotten-Lautsprecher sind mit einer einer relativ kleinen Membran (sozusagen dem Mittelteil eines Konus-Lautsprechers) ausgestattet, die Membran ist nur unwesentlich größer als der Magnet. Damit ist die Membranmasse vergleichsweise gering und eine gute Höhenwiedergabe möglich. Andererseits sind mit diesem Bauprinzip keine großen Lautstärken zu erreichen.

Druckkammer-Lautsprecher (auch: Hornlautsprecher) sind im Prinzip Kalotten-Lautsprecher. Die Membran ist jedoch in eine Kammer eingeschlossen, die nur ein Rohr als Auslass bietet, dessen Durchmesser kleiner ist, als der der Membran. Die von der Membran erzeugten Luftschwingungen erhalten in dem engen Rohr eine größere Amplitude, die Schallwellen verstärken sich. Der Nachteil ist, dass der Schall stark gerichtet austritt und ein etwas nasaler Klang erzielt wird.

Elektrostatische Lautsprecher sind vom Aufbau mit Kondensator-Mikrofonen vergleichbar. Sie benötigen eine Vorspannung, die dann vom Signal moduliert wird. Dabei muss die Vorspannung deutlich größer als die Signalspannung sein. Diese Lautsprecher arbeiten aufgrund der geringen Membranmasse sehr impulstreu, große Membranflächen sind in dieser Bauweise jedoch nicht realisierbar. Daher werden sie nur als Hochtöner gebaut.

Anders arbeiten Piezoelektrische Lautsprecher: Die angelegte elektrische Spannung führt zu Verformungen von Kristallen, die dadurch wiederum eine Membran anregen. Der dadurch erzeugte Schalldruck ist nur bei höheren Frequenzen ausreichend.

Lautsprecher brauchen ein Gehäuse. Schallwellen die eine größere Wellenlänge als den Membran-Durchmesser haben, bewirken einen akustischen Kurzschluss: Ein Signal bewirkt eine Druckerhöhung an der Vorderseite und einen Unterduck an der Rückseite der Membran. Die umgebende Luft gleicht diesen Druckunterschied aber aus und die Schallwelle neutralisiert sich. Daher muss der Druckausgleich auf der Rückseite der Membran durch ein geschlossenes Gehäuse verhindert werden. Damit die Membranschwingungen in dem Gehäuse nicht reflektiert werden und unkontrolliert auf die Membran zurückwirken, ist das Gehäuse innen schallschluckend gedämpft. Die eingeschlossene Luft setzt der Membran jedoch einen Widerstand entgegen und das wiederum mindert den Wirkungsgrad des Lautsprechers, es geht Leistung verloren. Dieses Problem wird teilweise durch Bass-Reflex-Boxen gelöst. Der von der Rückseite der Membran erzeugte Schalldruck wird durch eine Öffnung nach vorne abgegeben und zu den Schallwellen der Membran-Vorderseite addiert. Dieses Prinzip lässt sich jedoch nicht für alle Frequenzbereiche anwenden, der Umweg durch den Gehäuse-Auslass würde bei einigen Frequenzen für

Überlagerungen, bei anderen für Auslöschungen sorgen. Somit muss dieses Bauprinzip auf einen Frequenzbereich optimiert werden, das geht am unproblematischsten bei tiefen Frequenzen.

Für Lautsprecher-Boxen im Heimbereich ist durchaus nicht immer ein linearer Frequenzgang erwünscht, da ist von 'volltönend' und 'Wohlklang' die Rede. Consumer-Boxen sind meistens auf die Wiedergabe von Musik optimiert. Für die Bearbeitung von Fernsehproduktion ist dagegen ein linearer Frequenzgang wichtig (siehe unten: "Tonmischung im Studio").

Prinzipiell lässt sich nicht sagen, ob Zwei-Wege oder Drei-Wege-Boxen besser sind, das hängt mehr von den verwendeten Bauteilen (Lautsprecher und Frequenzweichen) und dem akustischen Design ab. Eine andere Frage ist, ob Aktiv- oder Passiv-Boxen verwendet werden sollten. Bei guten Aktiv-Boxen ist sicherlich eine optimale Anpassung der Verstärker-Elektronik an die Lautsprecher gewährleistet. Wesentlich ist dabei, dass die Frequenzbereiche für die einzelnen Lautsprecher sauber in den Frequenzweichen getrennt werden bevor sie von den Endstufen verstärkt werden. Die Filterung der Frequenzen ist mit aktiven elektronischen Schaltungen sehr gut und vergleichsweise kostengünstig realisierbar. Für die Aktiv-Boxen spricht außerdem der geringere Platzbedarf, da kein externer Verstärker notwendig ist. Aber auch Passiv-Boxen können sehr gut abgestimmt sein. Zudem bietet ein externer Verstärker mit mehreren Eingängen die Möglichkeit, auf verschiedene Signalquellen unkompliziert zugreifen zu können.

Wichtig ist es, bei einer Verstärker–Lautsprecher-Kombination auf die passende Impedanz (frequenzabhängiger Widerstand des Lautsprechers) zu achten. Eine Verstärker-Endstufe, die am Lautsprecher-Ausgang auf 8Ω ausgelegt ist, wird an einem Lautsprecher mit einer 4Ω-Impedanz viel zu hoch belastet und kann dadurch zerstört werden. Im umgekehrten Fall (4Ω-Ausgang an 8Ω-Lautsprecher) wird das Signal unnötig gedämpft.
Boxen-Kabel müssen aufgrund ihres niederohmigen Signals nicht abgeschirmt sein. Wichtig ist ein ausreichender Kabelquerschnitt, für höhere Belastungen bei Bass-Boxen sollten es 4 mm^2 pro Ader sein, für Mittel- und Hochtöner genügen 1,5 mm^2. Die Kabelwege sollten möglichst kurz sein, um Leistungsverluste zu vermeiden. Unbedingt ist auf die richtige Polung bei den Anschlüssen zu beachten, da es sonst zu starken Interferenzen der Signale kommt.
Je nach Art des Raumes und der Lautsprecher-Aufstellung ist die akustische Anpassung des Signals notwendig. Für die räumlichen Gegebenheiten (Dämpfung, Hall, Resonanzen) sollte der Frequenzgang des Signals mit einem Equalizer oder zumindest Höhen- und Bassregler angepasst werden.

186

Tonmischung im Studio

Bei einer Tonmischung für Fernseh-Produktionen sind besondere Bedingungen einzuhalten. Für die Bearbeitung von Fernsehproduktion ist ein linearer Frequenzgang wichtig, denn es geht ja darum, den Ton auf Verständlichkeit und Fehler zu prüfen. Man weiß auch nicht, womit der Zuschauer später den Ton hört, insofern braucht man eine 'nüchterne' Referenz. (Allerdings schadet es nicht, gelegentlich eine Tonmischung mit einem schlichten Mono-Fernseher zu überprüfen, um zu hören, was so übrig bleibt.)

Im Studio werden häufig Nahfeld-Monitore (Near-Field-Monitoring) eingesetzt. Die Nahfeld-Monitore haben keine spezielle Bauweise, gemeint ist mit Nahfeld die Art der Aufstellung. Sie werden in 1 – 1,5 m Entfernung vom Cutter platziert und haben damit den Vorteil, dass die Raumakustik nur noch eine vergleichsweise geringe Rolle spielt. Bei der Platzierung ist auch zu beachten, dass die Monitore keinesfalls in einer Ecke und nicht zu dicht an der Wand stehen, mindestens 0,5m bis 1m Abstand sollten es sein. Der Abstand zur Wand sollte bei beiden Boxen gleich groß sein. Die Hochtöner sollten sich auf Ohrhöhe befinden.

Schließlich spielt auch die Abhörlautstärke eine große Rolle, sie sollte während der ganzen Tonmischung unverändert bleiben. Eine zu leise Abhörlautstärke könnte dazu führen, dass aufgrund des Verdeckungseffekts leise (Stör-) Geräusche nicht mehr wahrgenommen werden. Eine zu hohe Abhörlautstärke weist umgekehrt eine höhere Dynamik auf, als sie der Fernsehzuschauer später üblicherweise wahrnehmen kann. Daher gibt es Empfehlungen für die Abhörlautstärke in Studios: Für TV-Mischungen werden 78 dB$_{SPL}$ (C-Bewertung) empfohlen, für Kino-Mischungen 83 dB$_{SPL}$ (C-Bewertung). (Für eine Kino-Mischung sind gegebenenfalls noch weitere Bedingungen zu beachten: Surround-Sound und Kino-Akustik.) Die Abhörlautstärke kann mit einem Schalldruckmessgerät ermittelt werden. Als Testsignal dient 'Rosa Rauschen' mit einem Pegel von -20 dB (RMS), das Schalldruckmessgerät wird auf 'C-Bewertung' und 'Slow' eingestellt.

Audio-Messgeräte

Peakmeter (für Analog-Signale): Zeigt Impulse einer Dauer von mindestens 10 ms (Ansprechzeit) an. Kürzere analoge Übersteuerungen nimmt das Ohr nicht wahr. Ein genormtes Peakmeter (nach DIN 45406) hat einen Anzeigebereich von -50 dB bis +5 dB.

Peakmeter (für Digital-Signale): Hat eine Ansprechzeit von nur 1 ms, da das Überschreiten von 0 dB$_{FS}$ auch bei kürzesten Digitalsignalen sofort einen unangenehmen Klang auslöst. Signale werden daher nur bis -9 dB$_{FS}$ ausgesteuert.

VU-Meter: Die Ansprechzeit beträgt 300 ms, d.h., es werden nur Impulse, die mindestens diese Dauer haben, exakt angezeigt. Um dieses teilweise auszugleichen, hat das VU-Meter einen Vorlauf (- es zeigt einen höheren Wert) von +4 bis +6 dB. Die Anzeige des VU-Meters entspricht eher dem menschlichen Lautheitsempfinden als die des Peakmeters. VU-Meter gibt es sowohl als mechanische Zeigerinstrumente wie auch als LED-Anzeigegeräte, manche Peakmeter können auf VU-Anzeige umgeschaltet werden.

Spektrumanalyzer: Zeigt die Pegel der einzelnen Frequenzbereiche, die Breite der Frequenzbereiche beträgt jeweils eine Terz, die angezeigten 31 Mittenfrequenzen sind genormt.

Korrelationsgradmesser: Mit dem Korrelationsgradmesser kann die Monokompatibilität eines Stereosignals beurteilt werden. Die Stereowirkung eines Tonsignals hängt einerseits von Pegelunterschieden zwischen den Kanälen ab (- die Schallquelle wird in Richtung des lautesten Pegels verortet) und andererseits von Laufzeitunterschieden (- die Schallquelle wird in der Richtung verortet, aus der der Schall zuerst eintrifft). Die Pegelunterschiede spielen für die Monokompatibilität keine Rolle, gemessen werden muss aber der Laufzeitunterschied von Stereosignalen, also die Phasenverschiebung zwischen dem linken und dem rechten Kanal. Je weiter nämlich die Phasen verschoben sind, desto mehr Auslöschungen erfährt das Signal beim Zusammenmischen zu einem Monosignal. Die Skala des Messgerätes geht dabei von -1 (völlig gegenphasiges Signal, nicht monokompatibel) bis +1 (völlig gleichphasiges Signal, monokompatibel). Ein Signal, das mit + 1 gemessen wird, weist keine Laufzeitunterschiede auf, die allerdings bei einem natürlich erscheinenden Stereosignal durchaus auftreten können. Daher zeigt der Korrelationsgradmesser bei einem durchschnittlichen Stereosignal schwankende Werte zwischen 0 und + 1 an.

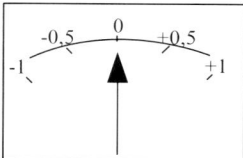

Signal nur in einem
Kanal, links oder rechts

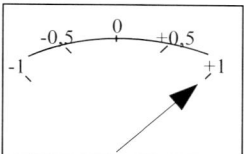

Gleiche Signale
in beiden Kanälen

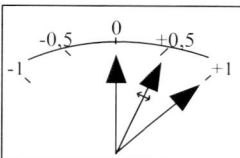

Korrektes Stereosignal,
monokompatibel
(Pegel schwankt
zwischen 0 und +1)

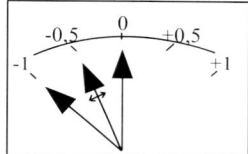

Phasengedrehte
Anteile im
Stereosignal, nicht
monokompatibel
(Pegel schwankt
zwischen -1 und 0)

Stereosichtgerät: Eine visuelle Darstellung des Stereoklangbildes bezüglich der Richtung der Signalanteile. Es werden Basisbreite, Verpolungen und Pegelverhältnisse angezeigt. Hier ist ein digitales Stereosichtgerät dargestellt, das zusätzlich mit einem Korrelationsgradmesser ausgestattet ist.

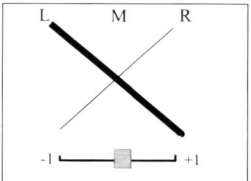

Signal nur in einem Kanal (links)

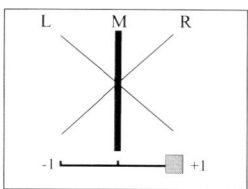

Gleiche Signale in beiden Kanälen

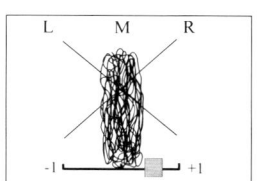

Korrektes Stereosignal, monokompatibel

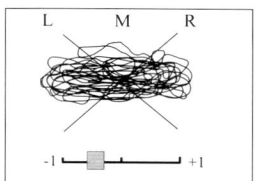

*Phasengedrehte Anteile im
Stereosignal, nicht monokompatibel*

Anhang:

Steckerbelegungen   (Alle Stecker sind von der Lötseite aus gesehen)

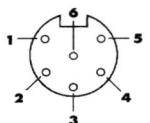

DIN AV (Stecker)
1 = Versorgungsspannung, **2** = Audio links,
3 = Masse (Audio und Video), **4** = Video,
5 = Schaltspannung, **6** = Audio rechts

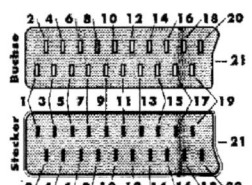

SCART
1 = Tonausgang rechts, **2** = Toneingang
rechts, **3** = Tonausgang links/mono,
4 = Audio-Masse, **5** = RGB Blau-Masse,
6 = Toneingang links/mono,
7 = RGB Blau-Signal,
8 = Schaltspannung, **9** = RGB Grün-Masse,
10 = Datenleitung 2, **11** = RGB Grün-
Signal, **12** = Datenleitung 1,
13 = RGB Rot-Masse, **14** = Datenleitung 3,
15 = RGB Rot-Signal,
16 = Austastsignal, **17** = Video-Masse, **18**
= Austastsignal-Masse, **19** = Videoausgang,
20 = Videoeingang, **21** =
Schirmung/Masse

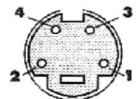

Hosiden / Y/C / S-Video (Stecker)
1 = Y-Masse, **2** = C-Masse
3 = Y, **4** = C

XLR (Stecker)
1 = Masse, **2** = Heiß (+), **3** = Kalt (-)

XLR 4-Pol (Kupplung)
(von der Steckseite gesehen)
1 = Masse, **2** = unbelegt, **3** = unbelegt
4 = + (12-15 Volt)

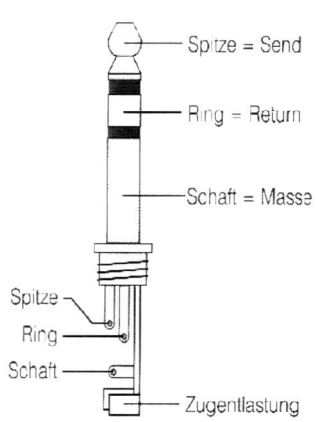

Spitze = Send

Ring = Return

Schaft = Masse

Spitze
Ring
Schaft

Zugentlastung

6,3 mm Klinkenstecker

Symmetrisch:
Spitze = Heiß (+),   Ring = Kalt (-),
Schaft = Masse

oder

Asymmetrisch / Stereo:
Spitze = links,   Ring = rechts,
Schaft = Masse

oder

Insert (am Mischpult)
Spitze = Send,   Ring = Return,
Schaft = Masse

Literaturhinweise

– Bahr, Heinz: Alles über Video. Hüthig Buch Verlag, Heidelberg, 1991.

– Douven, Peter / Mücher, Michael: Broadcast Kamerarecorder, Verlag BET Michael Mücher, Hamburg, 2003.

– Finzel, Peter: Surround & Vision. Peter Finzel Productions, 1997.

– Finzel, Peter: Test-Disc S.E. Selektierte Testbilder mit Anleitung. Peter Finzel Productions 2006. (Bestellung nur direkt: www.peterfinzel.de)

– Grob, Bernard: Basic Television and Video Systems. McGraw-Hill Book Company, New York, 1984.

– Henle, Hubert: Das Tonstudio Handbuch. GC Carstensen Verlag, München, 2001.

– Institut für Rundfunktechnik: Technische Richtlinien zur Herstellung von Fernsehproduktionen für ARD, ZDF und ORF. Institut für Rundfunktechnik, München, 2003.

– Manz, Friedrich: Videorecorder-Technik. Vogel Buchverlag, Würzburg, 1987.

– Möllering, Detlef / Slansky, Peter C.: Handbuch der professionellen Videoaufnahme. Edition Filmwerkstatt, Essen, 1993.

– Panasonic: Das Video-Kompressions-Buch. Panasonic, 1999.

– Pieper, Frank: Das P.A. Handbuch. GC Carstensen Verlag, München, 1996.

– Rumsey, Francis / McCormick, Tim: Sound and Recording – An Introduction. Focal Press, Oxford, 1994

– Schmidt, Ulrich: Digitale Film- und Videotechnik. Fachbuchverlag Leipzig im Carl Hanser Verlag, München, Wien, 2002.

– Schmidt, Ulrich: Professionelle Videotechnik. Springer-Verlag, Berlin, Heidelberg, 2005

– Sony Deutschland GmbH (Hg): DVD Technologie. Sony Deutschland GmbH, 2000.

– SRT (Schule für Rundfunktechnik) (Hg): Ausbildungshandbuch audiovisuelle Medienberufe, Hüthig Verlag, Heidelberg, 2000.

– Stotz, Dieter, Audio- und Videogeräte richtig einmessen und justieren. Franzis Verlag, München, 1994.

– Ward, Peter: Basic Betacam Camerawork. Focal Press, Oxford, 1994.

– Warner, Daniel: Video-Komprimierung & DVD-Ripping von Anfang an. Planet Intermedia, 2002.

– Webers, Johannes: Audio-, Film- und Videotechnik. Franzis Verlag, München, 1992.

Quellenhinweis:
Die Grafiken auf den Seiten 155, 160 und 161 wurden freundlicherweise von der Firma Sennheiser zur Verfügung gestellt.

Stichwortverzeichnis